雷射加工實務

金岡 優 著

全華圖書股份有限公司 印行

簡歷

金岡　優（Masaru KANAOKA）

1958 年 出生於日本國北海道

1983 年 於北海道大學大學院獲得碩士學位

1983 年 就職於三菱電機㈱名古屋製作所

1984 年 進入該製作所的雷射製造部加工技術科

1993 年 獲得工學博士學位

1997 年 任該製作所雷射系統部加工技術科科長

2000 年 任該製作所雷射系統部品質保證科科長

2002 年 任製作所雷射系統部全球支援主管

2005 年 開始兼任名古屋大學特聘講師至今

2012 年 擔任三菱電機-機械產業事業部 主管技師長

前言

首先需要闡明的是，本書中所論述的雷射加工主要是指雷射在金屬加工領域中運用最爲廣泛的“雷射切割加工”。起初，也曾考慮過介紹些雷射在其他領域的加工，但爲了能在技術上進行更深層次的挖掘，在此特對用途加以限定，僅對“切割” 集中進行剖析。

聚焦於極小光點、能量密度極高的雷射運用在加工上時表現出各種各樣與其他加工法所不同的優勢。其中雷射加工的優勢得到充分發揮的加工領域有：切割、鑽孔、焊接、熱處理等，這些加工都是只需對被加工物表面的雷射能量密度或輔助氣體壓力等參數進行調整便可進行。

之前也曾於 1999 年通過日刊工業新聞社出版過拙著《機械加工現場診斷系列 7　雷射加工》（中文版：於 2011 年 機械工業出版社出版），主要是面向雷射加工的工作現場，爲現場工作人員介紹了些加工必備資訊。出版後收到了海內外眾多的讀者來信，其中有些讀者希望能用圖解來代替文字講解，也有些讀者希望能對基本現象進行更詳細的講解以便靈活運用提高實用性。如此種種需求，主要是由於當用戶在實際加工中出現問題時，僅靠一般的講解書或廠家提供的具體加工資料，不足以應對類似問題加以解決。鑒於如此現狀，我欣然應允了日刊工業新聞社的奥村功氏和新日本編輯規劃的飯島光雄氏的圖解系列稿約。

在本書中，我根據自己從事了 20 多年的加工技術工作的經驗，對雷射切割現象產生的原理進行了詳細的講解。其中有關加工原理方面的論述多屬我個人見解，相信此領域中經驗豐富的各位有識之士可能會持有不同意見，本人衷心希望能借本書出版發行之際得到各方指教，爲雷射加工提供更加廣泛的討論契機。

本書中所列舉的事例主要是從實際使用雷射加工機的各位用戶提出的問題中篩選出來的。問題的提起盡可能忠實地再現了原提問的內容，以問答形式進行了歸納總結。

書中力爭做到對各種現象的講解論述加以圖解形式進行說明。怎奈受本人繪圖能力所限，有不盡人意之處，還望諒解。文章中儘量採用分條敍述形式以求論述簡明易懂，但也難以排除還會存在些費解之處，請結合圖解一閱。

本書如能爲想更深理解切割現象、挑戰各種各樣加工的有關人士提供些許有益幫助，本人將不勝榮幸。

最後，謹在此向爲本書的出版給予了大力支持與幫助的新武機械貿易股份有限公司的天滿浩四郎先生、三菱電機自動化中心的郭澄若先生表示衷心的感謝。

2013 年 1 月

金岡　優

圖解 雷射加工實務手冊

-加工操作要領與問題解決方案-

目 錄

第 8 章 金屬材料共同的切割現象

第 9 章 非金屬材料的切割

第 1 章

加工現象的基礎

我們在瞭解雷射的切割技術之前，首先需要熟悉一些與雷射加工密切相關的專業術語以及一些基本加工現象。例如金屬因吸收雷射光而熔化，鐵因氧氣的助燃而燃燒，熔化的金屬因輔助氣體的噴射而從切縫中排出等等，這些都是最爲基礎的雷射加工現象。

1.1 影響雷射加工性能的要素

圖 1.1①和圖 1.1②中顯示的是影響雷射加工性能的各主要因素，加工性能的提高，離不開對這些因素的優化。

(1) 與雷射光束相關的要素

雷射的輸出形態中包含連續輸出 CW 模式和脈波模式兩種。加工材料對雷射光束的吸收特性將受雷射波長影響，而雷射的波長又是取決於雷射的工作介質。輸出功率表示的是能量的大小，占空比表示的是在脈波輸出時的每一脈波時間內雷射照射時間所占的比例，頻率表示的是每一秒內的脈波次數，光束模式表示的是能量強度的分佈。

(2) 與加工透鏡相關的要素

焦點距離表示的是從透鏡位置到焦點的距離，是直接影響焦點位置處的光斑直徑與深度的要素。加工透鏡中有能抑制像差的凹凸透鏡和普通的平凸透鏡兩種。

(3) 與雷射光束的焦點光斑相關的要素

焦點的直徑取決於透鏡的規格，透鏡的焦距越短，則焦點的直徑就會越小。焦點位置是指聚焦點離加工材料表面的相對位置，我們把材料表面之上方向定義爲正、之下定義爲負。焦點深度是指在焦點附近能得到與聚焦點處光斑直徑大小基本相同的範圍。

(4) 與噴嘴相關的要素

噴嘴的直徑決定著熔化、燃燒的可限制範圍以及噴射於加工部位的輔助氣體流量。噴嘴的前端之所以呈圓形，主要是爲了能勝任對任何方向的加工，噴嘴與加工材料表面間的間距要儘量設定得窄。

(5) 與輔助氣體相關的要素

輔助氣體的壓力影響著熔化金屬從切縫中的排出情況。氣體的種類將會影響到加工品質與加工能力，切割時需要氧氣的助燃作用，而焊接或熱處理時則需要對加工部位起保護作用。每一個噴嘴都將存在著其自身的最佳氣體流量。

(6) 與加工材料相關的要素

材質、板材厚度會影響到雷射能量的消耗，材料的表面狀況會影響到雷射光束吸收的穩定性，而加工形狀又會影響到熱能的擴散。

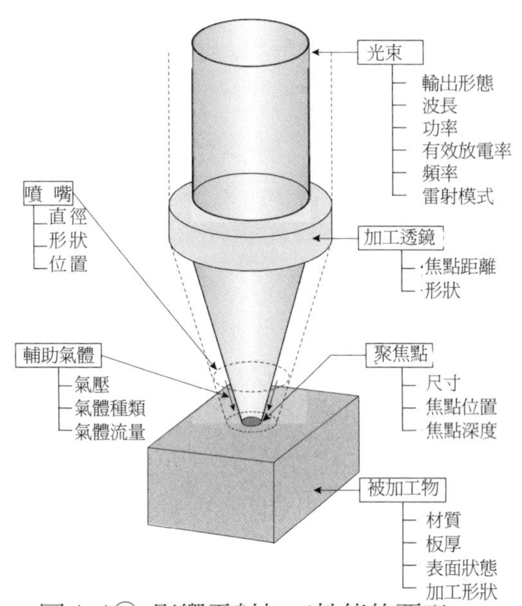

圖 1.1① 影響雷射加工性能的要素

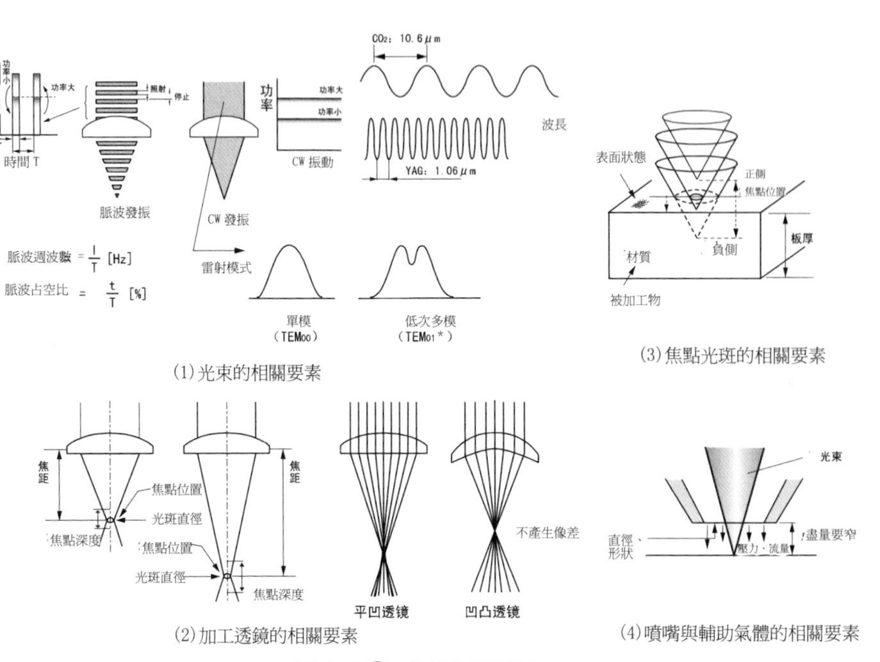

圖 1.1② 各要素詳情

1.2 氧化反應的燃燒作用

【現象與原理】

在對雷射切割的原理有了一定瞭解的基礎上，還需要掌握一些有關鐵的氧化反應方面的知識。鐵在燃燒時，因燃燒反應而生成的氧化鐵的形態有三種，其燃燒方程式分別爲：

- $Fe+\frac{1}{2}O_2= FeO+64Kcal$
- $2Fe+1\frac{1}{2}O_2= Fe_2O_3+190.7Kcal$
- $3Fe+2O_3= Fe_3O_4+266.9Kcal$

以1g鐵來換算，其所產生的熱量如表1.2①所示，可以看出鐵在燃燒中會釋放大量的熱。

假設在雷射切割中，所產生的各種氧化鐵的比例分別爲FeO ：20%、Fe_2O_3：45%、Fe_3O_4：35%，則1g鐵所放出的熱量將是1.538Kcal，該熱量大概是熔化1g鐵所需熱量（約0.23Kcal）的5倍。熱量中的一部分會通過熱傳導而散失，但絕大部分都會參與切割。

圖1.2②所示爲在同樣1kW功率條件下對碳鋼材料的切割能力和焊接能力進行的對比[1)]。焊接的輔助氣體-氬氣的壓力設定在0.01MPa以下，其目的僅起到防止焊縫表面被氧化的作用，並無提高加工能力（熔化深度）用意；用氧氣切割時，氧氣燃燒所產生的熱量是不用氧氣時的5倍，加工能力也有著同等程度的提高。例如，加工速度爲1m/min時，可以得到1.5mm的焊接熔化深度，而用同樣速度進行切割，則最大可以切到7mm厚度。另外，熔化深度爲1.5mm時的焊接速度是1m/min，而切割1.5mm厚的板材時切割速度可達5m/min，是焊接的5倍。相對於焊接來講，切割的加工能力所提高的量，基本是與氧氣燃燒所放出的熱量倍率（約5倍）是一致的。

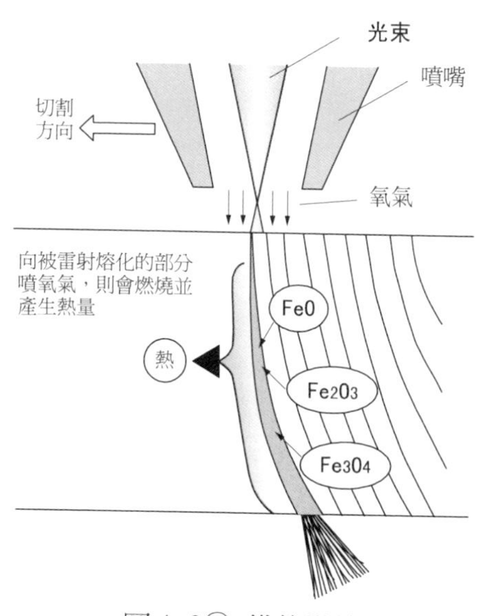

圖 1. 2① 鐵的燃燒

表 1.2① 鐵所產生的熱量

	每 1g 所產生的熱量(Kcal)
FeO	1.14
Fe_2O_3	1.69
Fe_3O_4	1.57

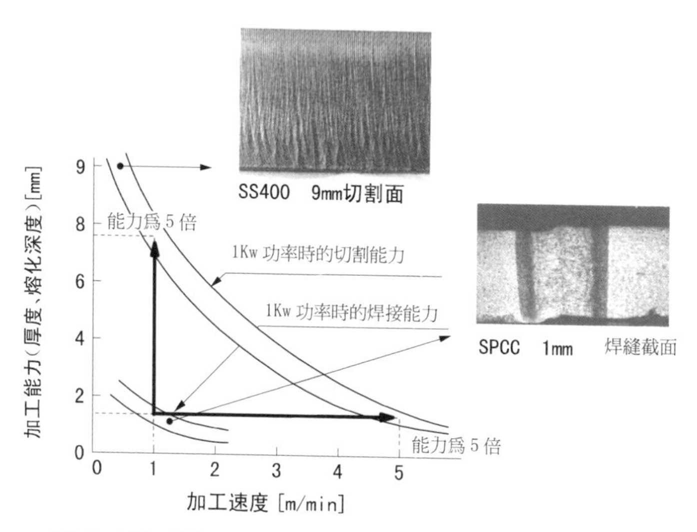

圖 1. 2② 碳鋼材料的雷射焊接與切割加工能力的對比

1.3 氧化反應的熱傳導與切割速度的關係

【現象】

使用 4kW 級輸出功率的發振器，用氧氣輔助氣體進行薄板的高速切割時，切割速度可以設定在 10m/min 以上。但是，隨著板材厚度的增加，加工速度會變慢，當厚度超過 19mm 時，加工速度將低於 1m/min。如果切割形狀中存在尖角，則尖角部分就很容易在加工中被熔掉（如圖 1.3①所示），且角度越小，尖角部分就越會被熔掉。

【原理】

如圖 1.3②所示，尖角之所以會被熔掉，是因爲雷射光束經過尖角時尖角部分已處高溫，再照射雷射就會引起異常燃燒，導致尖角被熔掉。解決方法就是讓雷射的切割速度大於熱的傳導速度，也就是說要讓尖角部分在材料被加熱之前切割完成。

(1) 高速切割

在我們的加工實驗中，當把雷射切割速度設在 2m/min 以上時，尖角前端被熔掉的現象就開始輕減。圖 1.3③是在 6mm 厚板材上切割 60 度尖角時的照片。切割條件是：3kW 輸出功率、3m/min 的切割速度，在此條件下尖角前端沒有出現被熔掉的現象。表 1.3①中列舉了不同厚度的碳鋼材料在切割速度爲 2m/min 以上時所需發振器的輸出功率。隨著板厚的增加，所需發振器的輸出功率也是相當大的，選擇發振器時，要綜合考慮到運轉成本等因素，力爭做出最佳的選擇。

(2) 脈波切割

如果發振器是不能設定爲高速切割條件的低功率發振器，則可將條件設定爲脈波條件，這樣也可有效防止出現被熔掉的現象。圖 1.3④顯示的是低速條件時脈波切割參數與尖角前端被熔掉的關係[2)]。在平均輸出功率一定的前提下，脈波的峰值功率越大頻率越低，則每一個脈波內不照射光束的時間比例就會越大，冷卻時間也因而會變長，尖角前端被熔掉的現象也就可以得到輕減。在設定脈波峰值功率及頻率時，還需同時注意到與切割速度的平衡，進行最優的設定。

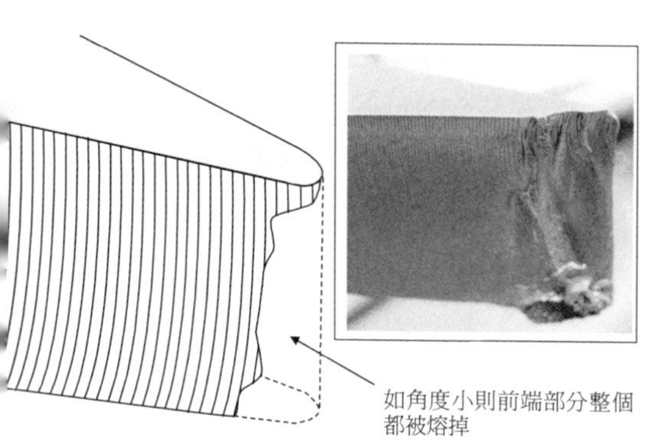

圖 1. 3① 19mm 碳鋼的尖角切割

表 1. 3① 碳鋼的切割速度與所需發振器功率

板　　厚[mm]	所需功率[kW]
4. 5	2
6	3
9	4
12	6
16	7

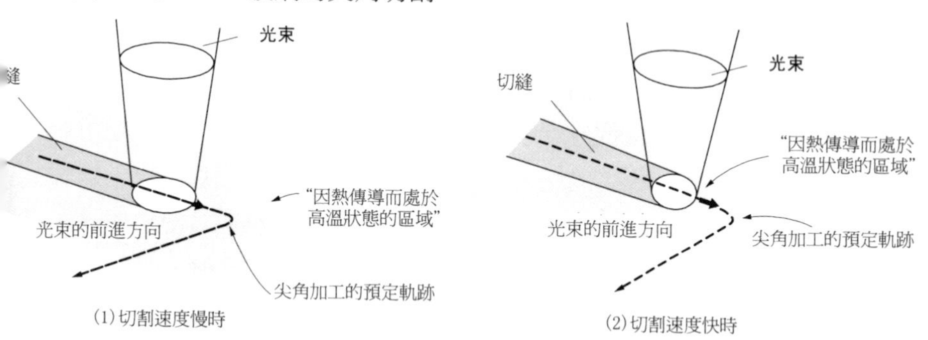

圖 1. 3② 雷射的切割速度與熱傳導速度的關係

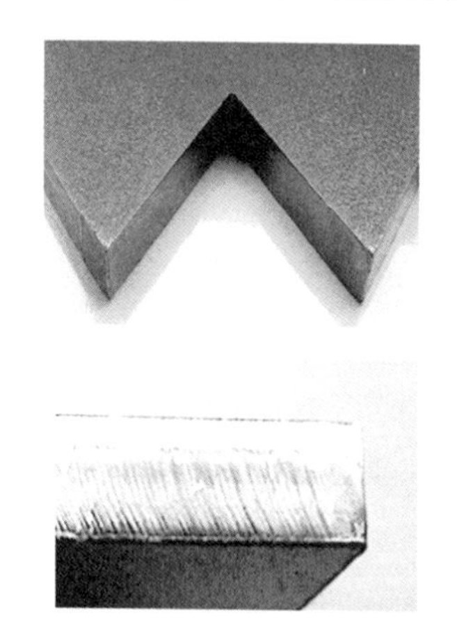

圖 1. 3③ 碳鋼的尖角切割
（高速切割）

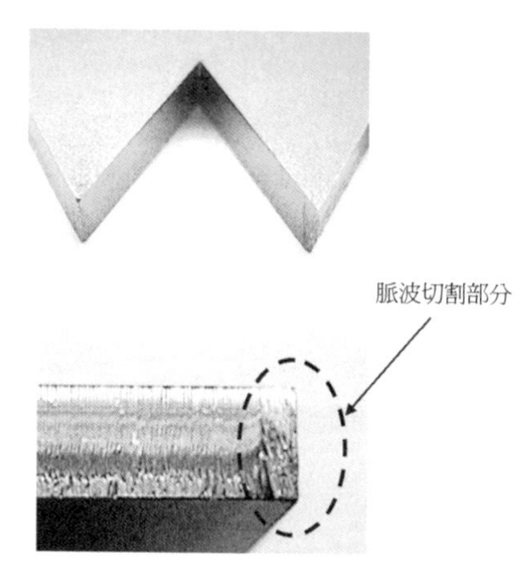

圖 1. 3④ 碳鋼的尖角切割
（脈波切割）

1.4 熔融金屬的舉動

【現象】

雷射切割是通過照射聚焦過的雷射光束、噴射輔助氣體來完成的。雷射光束照射到加工材料上，加工材料就會被瞬間加熱到可熔化蒸發的溫度，此時噴射高純度的氧氣就會引起燃燒，氧化反應所產生的熱能會再促進加工。輔助氣體還起到把燃燒中生成的物質及熔化金屬從切縫中排出的作用。在雷射光束的照射及氧化反應作用下，熱能在切縫的前沿把材料熔化，再通過輔助氣體把熔融物排出。切縫在如此反復中形成，最終達到切割的目的。

【機制】

我們可以通過切割面上留下的痕跡來說明雷射切割的機制。如圖 1.4①、②，切割面的上半部分拖曳線間距細小、排列整齊，是雷射光束的熔融起主導作用的切割層，我們稱之為第一條割痕。第一條割痕的下面是在切割面上半層生成的熔融金屬向下方移動、氧氣燃燒作用產生的熔融起主導作用的範圍，我們稱之為第二條割痕 [1]。第二條割痕的燃燒比第一條割痕要慢，當切割速度快或板材很厚時，拖曳線將相對於切割的行進方向呈延遲現象。圖 1.4③是 9mm 厚碳鋼材料切割前沿的加工狀態。第二條割痕的拖曳線相對於切割的行進方向延遲，此延遲量也受切縫寬度影響。焦點位置在材料表面 Z＝±0 位置時，上部切縫為最小，此時將不能向切縫內供應燃燒所需的足夠氧氣，用於排出熔融金屬的氣體壓力也不夠，拖曳線會向後方延遲。

把焦點位置向上方調整，擴大切縫的寬度，就將存在一個拖曳線的延遲量最小、切縫寬度適宜的範圍。在此範圍內的話，熔融金屬可順利從切縫內排出，向材料的熱輸入也為最少。如把焦點進一步向上方調整，則能量密度會下降，熔融能力會降低，拖曳線也會因此而延遲。

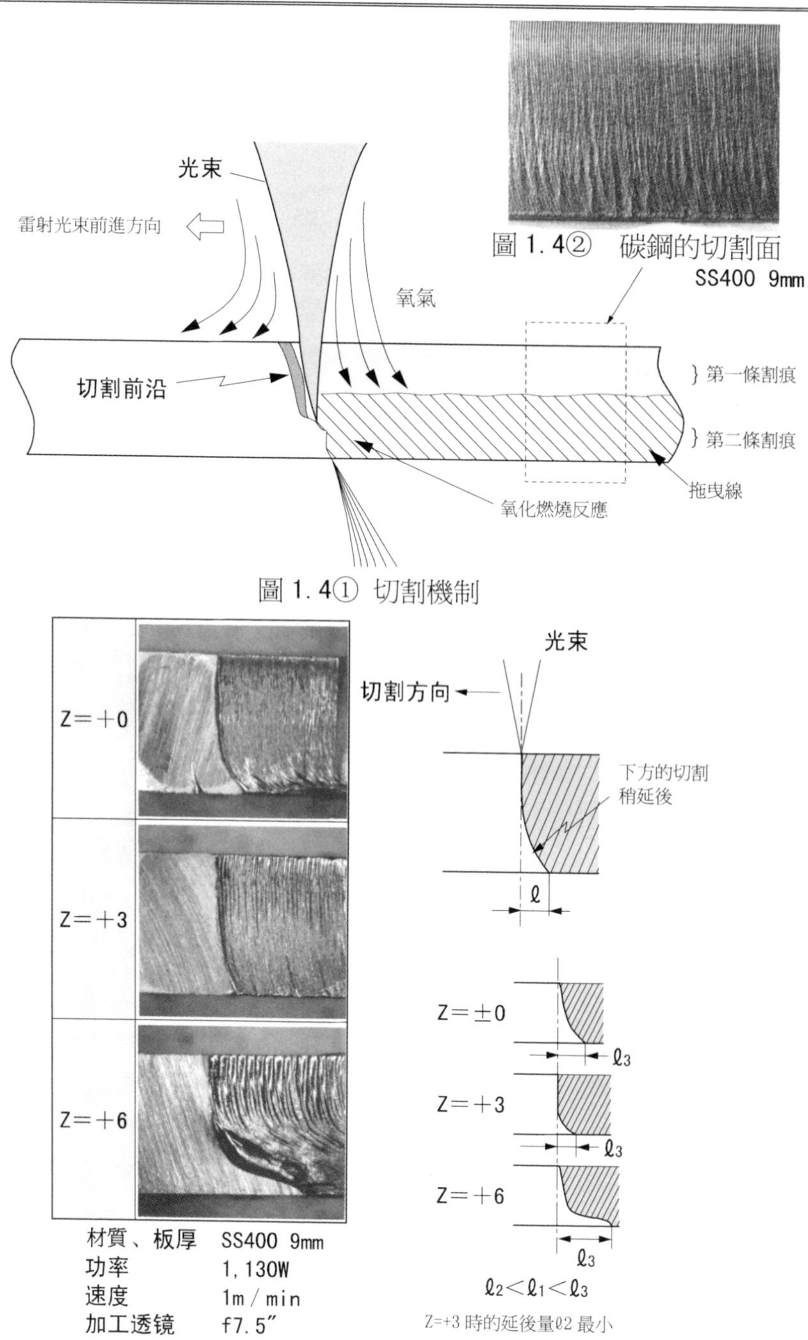

圖 1.4② 碳鋼的切割面
SS400 9mm

圖 1.4① 切割機制

圖 1.4③ 焦點位置與切割前沿的關係

1.5 拖曳線是如何形成的

【現象與原理】

(1) 第一條割痕範圍的拖曳線

圖 1.5①所示爲雷射光束與加工進展的概略圖。假設切縫前沿 A 點處的雷射光束行進速度爲 Va、氧化反應速度爲 Ra。板厚越大，切割速度就越慢，切割速度 Va 將小於氧化反應速度 Ra。當雷射光束接觸到 A 點後，氧化反應速度 Ra 會大於 Va，燃燒的進展將快於雷射光束的行進。而後，溫度逐漸降低，燃燒將停止在 A2 點處。當雷射光束以 Va 到達該停止位置後，氧化反應速度 Ra 的燃燒將會繼續，這一迴圈如是反復。

另外，在切縫的寬度方向上，也是以氧化反應速度 Ra 從 A 點向 C 點燃燒，到達 C 點後，溫度降低，氧化反應停止。當雷射光束到達 A2 點後，又將沿切縫寬度方向燃燒到 C2 點，這一迴圈一直反復，就會形成拖曳線。

當 Va 的速度提高到與 Ra 基本相同的程度時，雷射光束將會始終處於與 A 點相接觸的狀態，向切縫寬度方向擴展的 A 點和 C 點之間的距離會變小，拖曳線的間隔也會相應變小。

(2) 第二條割痕範圍的拖曳線

如圖 1.5②所示，在板厚方向上設定 A 點和 B 點。A 點處時，氧氣純度或輔助氣體的動量都還保持得很高，Va＝Ra 成立，此時可以得到非常光滑且筆直的拖曳線。而 B 點處時，氧氣純度或輔助氣體的動量都有所下降，Vb>Rb，因而會出現切割前沿的延遲現象。

用氧氣切割時，隨著板厚的增加，散失到母材內的熱量會隨之增多，熔融金屬的溫度也會隨之而降低，熔融金屬表面的張力、凝固層的厚度都會變大，最終導致切割面粗糙度變差。而用氮氣或空氣切割金屬時，也會出現同樣的現象，切割面會隨著板厚的增加而變粗糙，但是由於用氮氣或空氣切割時沒有氧化燃燒反應作用，粗糙度不會比用氧氣切割厚板時還要差。

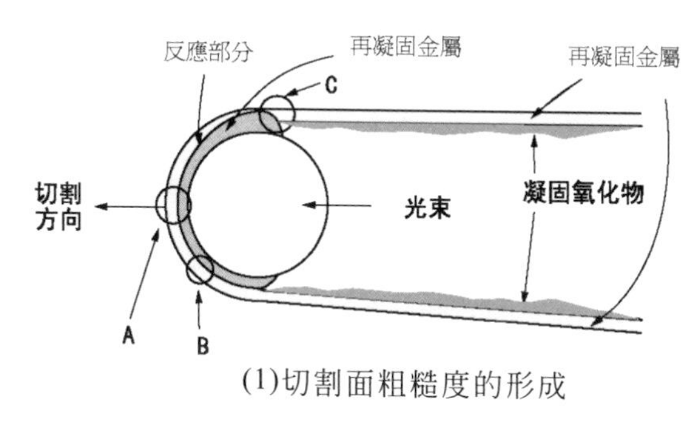

(1)切割面粗糙度的形成

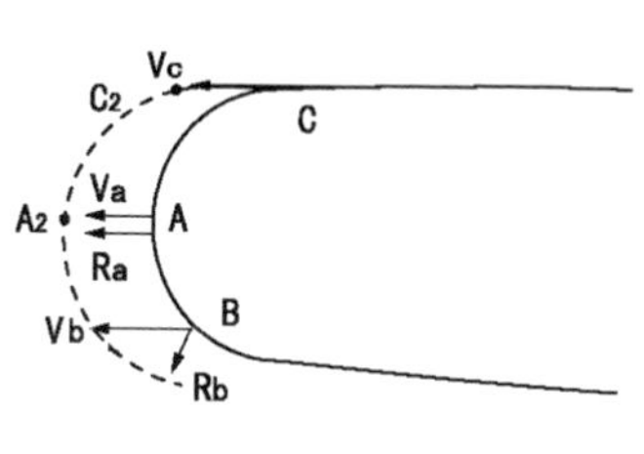

(2)切割速度與反應速度

圖 1.5① 切割

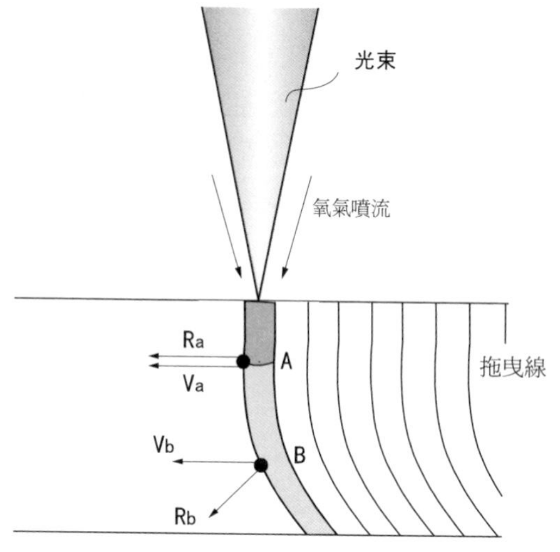

圖 1.5② 拖曳線的形成

1.6 什麼是切縫的斜度

【現象與原理】

（1）金屬切割

切縫寬度會因加工材料表面對雷射光束的聚光特性、焦點的設定精度而變化。圖 1.6①顯示了加工透鏡的焦點距離與斜度之間的關係[2)]，所顯示的資料分別為：以 CW 條件及脈波條件進行加工時的切縫上部寬度(U)、底部寬度(L)、斜度(T)。透鏡的焦點距離越短，聚光點的直徑就越小，上部縫寬和斜度也都會越小。

圖 1.6②顯示了焦點位置與斜度的關係。焦點位置 Z 在加工材料的表面時為 Z＝0，移動距離(h)用毫米(mm)單位來表示，向上為正(＋)、向下為負(－)。焦點位置設定在加工材料表面（Z＝0）時，上部切縫寬度和斜度都為最小， 焦點位置向上或向下移動，斜度都會擴大。此斜度擴大的原理如圖 1.6③所示，當焦點位置偏離材料表面時，照射到材料表面的光束直徑就會擴大，熔融範圍也會相應變大，斜度就因此而變大。

（2）非金屬切割

圖 1.6③顯示了非金屬切割時切縫內雷射光束的傳輸特性。非金屬切割時，切縫的內壁基本上是不會發生雷射光束的反射。切縫寬度將隨著光束從焦點位置向下的擴散角而擴大，再隨著雷射功率沿厚度方向的逐漸減弱而變窄。要減小斜度，就需要對焦點位置進行調節，要讓光束的擴散角與能量密度保持平衡。圖 1.6④所示為加工 30mm 厚壓克力板時，切縫的上部寬度(U)、中央部寬度(M)及底部寬度(L)與焦點位置的關係。焦點位置為 Z＝＋4～8mm 時的斜度為最小。圖 1.6⑤顯示了當光束的擴散角接近於平行時的加工特性。在 20mm 厚的壓克力板上放一張有 1.2mm 寬狹縫的金屬板，讓光束在狹縫的內壁上進行反射。光束的擴散角小時，將只有輸出功率的衰減起作用，切縫將按上部、中央部、下部的順序沿厚度方向逐漸變窄，呈現為“楔子”狀。可以看出，要減小斜度，就需要光束的擴散角適宜。

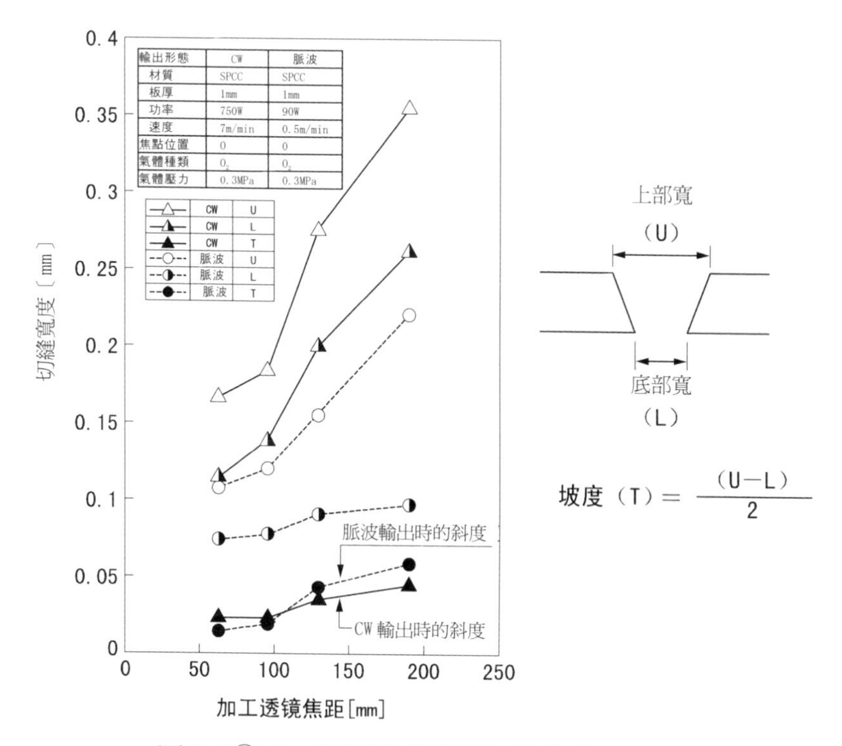

圖 1.6① 加工透鏡的焦距對切縫大小的影響

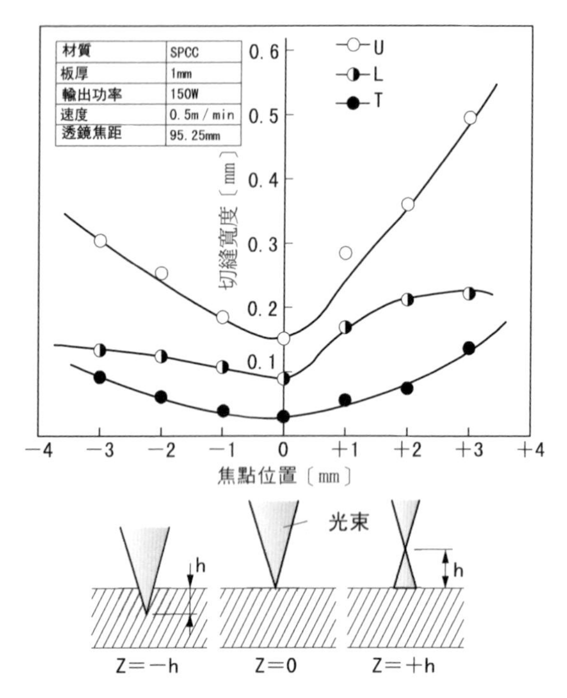

圖 1.6② 焦點位置對切縫大小的影響

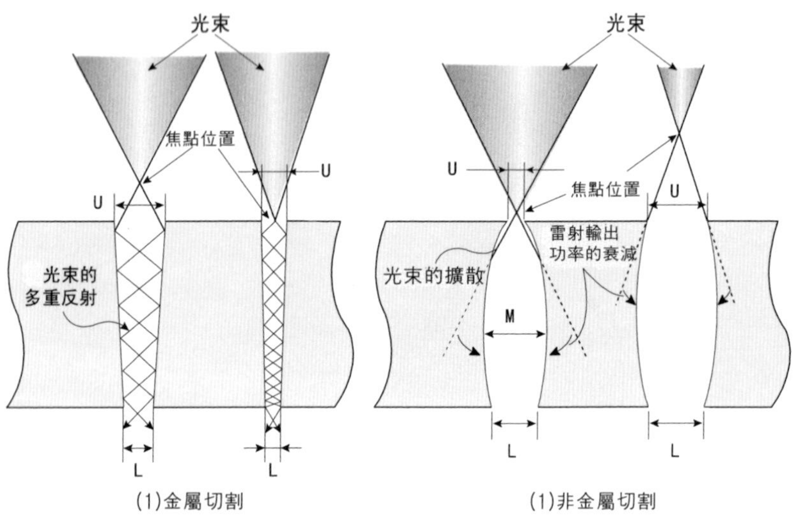

圖 1.6③ 切縫的形成原理

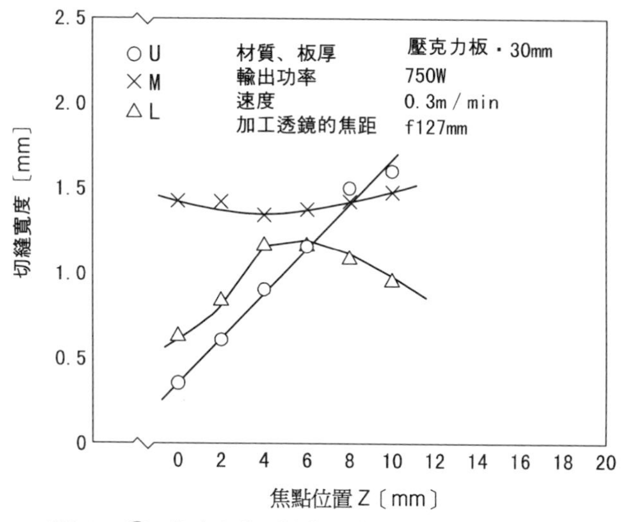

圖 1.6④ 非金屬切割中的焦點位置與切縫寬度的關係

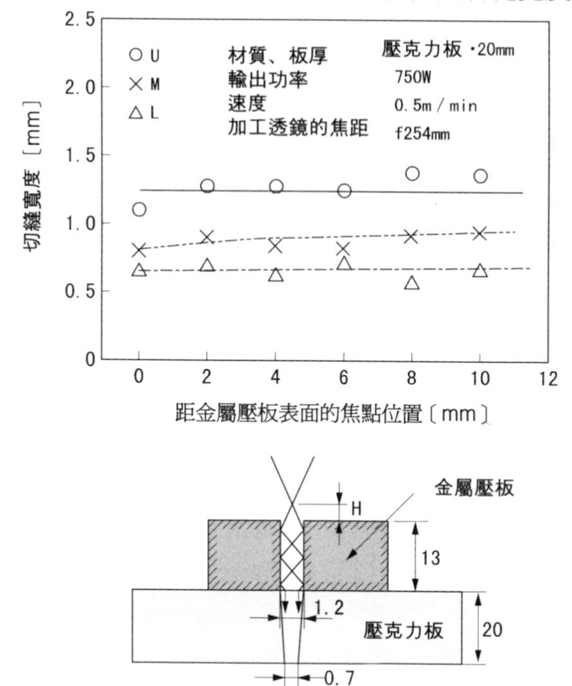

圖 1.6⑤ 利用發散角小的光束進行的切割

1.7 什麼是穿孔

【現象與原理】

穿孔時，穿孔過程中所產生的熔融金屬將會噴出到加工材料的表面並堆積在孔的周圍直到穿透爲止。穿孔條件如圖 1.7①所示，可以設定爲（1）脈波條件或（2）CW 條件。

（1）脈波條件

在雷射光束照射之後，就將開始加工材料表面被加熱的(a)過程到加熱漸漸深入並起到穿孔作用的(b)～(d)的過程，直到最後的穿透過程（e）的不間斷的循環。用此方法對板厚在 9mm 以上的材料進行穿孔時，雖然穿孔時間會急劇增加，但卻可以得到孔徑在 0.4mm 以下、比切縫寬度小、對周圍熱影響少的加工品質。需要注意的是，爲了縮短穿孔時間而把加工條件設定爲輸出功率驟然變化的作法，將會造成大量的熔融金屬不能從很小的孔徑的上部全部排出，導致過燒。

（2）CW 條件

CW 條件時採用的是將焦點位置設在稍高於加工材料表面、加大穿孔的孔徑來迅速加熱的方法。雖然採取這種方法會產生大量的熔融金屬，並會噴濺到加工材料的表面，但在加工時間上卻可以得到大幅度的削減。

（3）穿孔能力的提高

穿孔洞的內壁也吸收雷射光束。圖 1.7②所示爲在穿孔過後向孔洞內照射雷射光束，並對此時穿過孔洞到達底部的雷射光束進行能量測量而得到的結果[3]。方法是，分別對各種板厚進行穿孔，然後在各孔的下方設置上能量檢測器，再向孔洞照射雷射光束。板材越薄，則透過孔洞的雷射功率就越大，板材越厚，則透過的雷射功率就越小。結果就如圖 1.7①所示，雷射光束在孔洞的內壁被從上向下進行多重反射，邊被吸收邊被傳輸。要縮短穿孔時間，就需要對被孔內壁所吸收的功率進行相應的補償，也就是說需要隨著穿孔的進展相應把功率加大。

另外，要減少熱影響，也需要加大輸出功率。輸出功率越大，加工就越可以在短時間內完成，可縮短雷射光束被內壁吸收的時間。

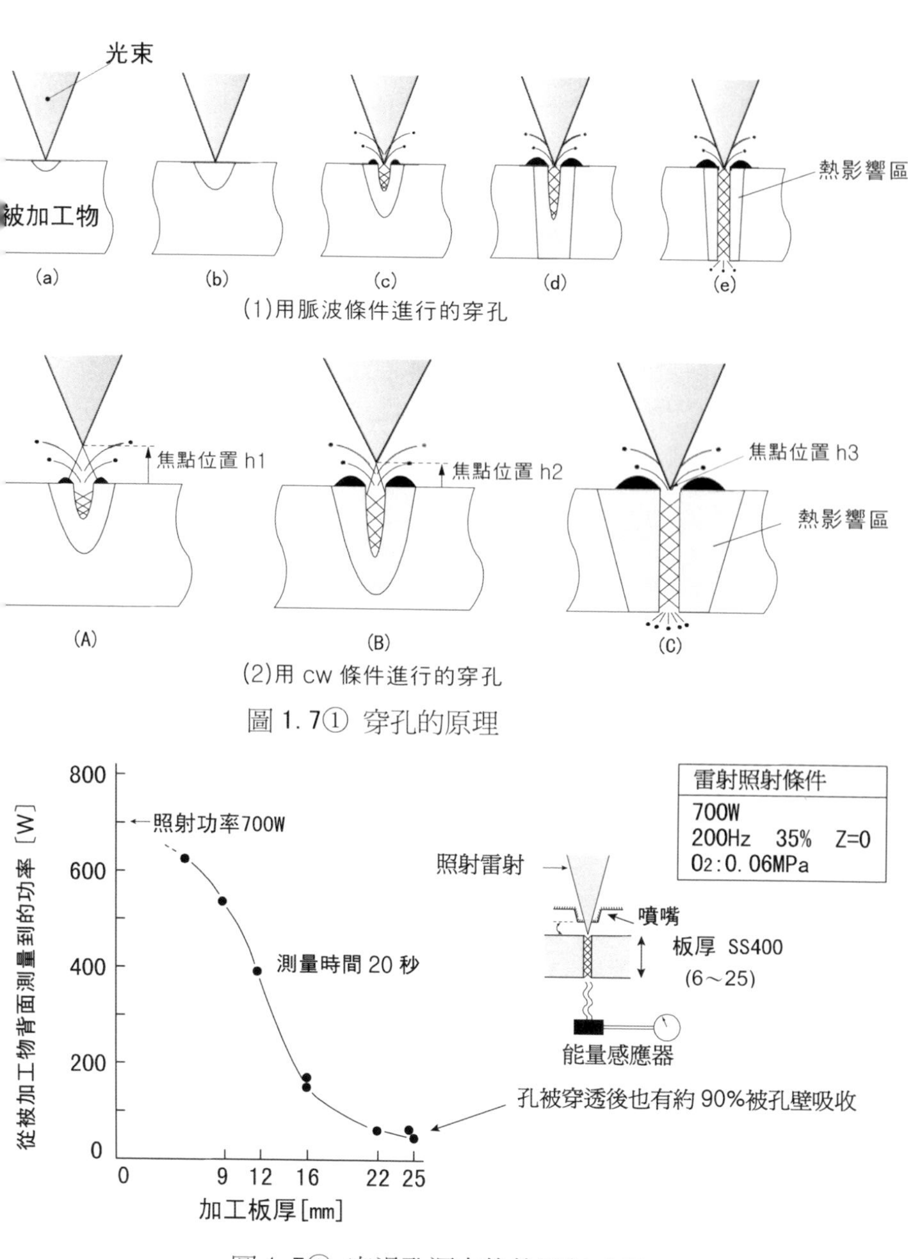

圖 1.7① 穿孔的原理

圖 1.7② 穿過孔洞之後的雷射功率

1.8 焦點位置與切割的關係

【現象】

在影響加工品質及加工能力的各主要因素中，影響性最大的就是焦點位置，其與加工的具體關係如下。

相對於加工材料的表面而言，雷射光束被聚焦後焦點所在位置被稱爲焦點位置。焦點位置對切縫的寬度、斜度、切割面的粗糙度、熔渣的黏著狀態、切割速度等幾乎所有的加工性能都會產生影響。這是因爲焦點位置的改變會引起照射在加工材料表面的光束直徑、射入加工材料的入射角產生變化，其結果就是會影響到切縫的形成狀態及切縫內光束的多重反射狀態，這些切割現象又會對切縫內的輔助氣體、熔融金屬的流動狀態產生影響。

【原理】

圖 1.8①所示爲焦點位置 Z 與加工材料表面的切縫寬度 W 的關係。把焦點在加工材料表面上的狀態設爲 Z＝0“零”，焦點位置向上方移動時用“＋”、向下方移動時用“－”來表示，移動量用 mm 單位表示。焦點在焦點位置 Z＝0 處，上部切縫寬度 W 爲最小。 不論焦點位置是向上移還是向下移，上部的切縫寬度 W 都會變寬。這一變化在使用不同焦距的加工透鏡時也存在同樣影響。焦點位置處的光束直徑越小、透鏡越是焦點深度小的短焦距透鏡，則上部切縫隨焦點位置的改變而變化的幅度就會越大。

圖 1.8②顯示的是各種加工材料的最佳焦點位置。

（a）是在加工材料表面能得到最小光束直徑 Z＝0 時的情況。此時，可以在加工材料表面得到最大的能量密度，熔融範圍比較窄，這就決定著加工的特性。

（b）是焦點位置在“＋”側（Z＞0）時的情況，此時加工材料表面的雷射光束照射範圍變寬，切縫內的光束出現擴散角，使切縫寬度擴大。

（c）是焦點位置在“－”側（Z＜0）時的情況，此時照射在加工材料表面的雷射光束範圍變寬，在板厚方向上越向焦點位置靠近，熔融能力就越大，之後產生逆斜度。

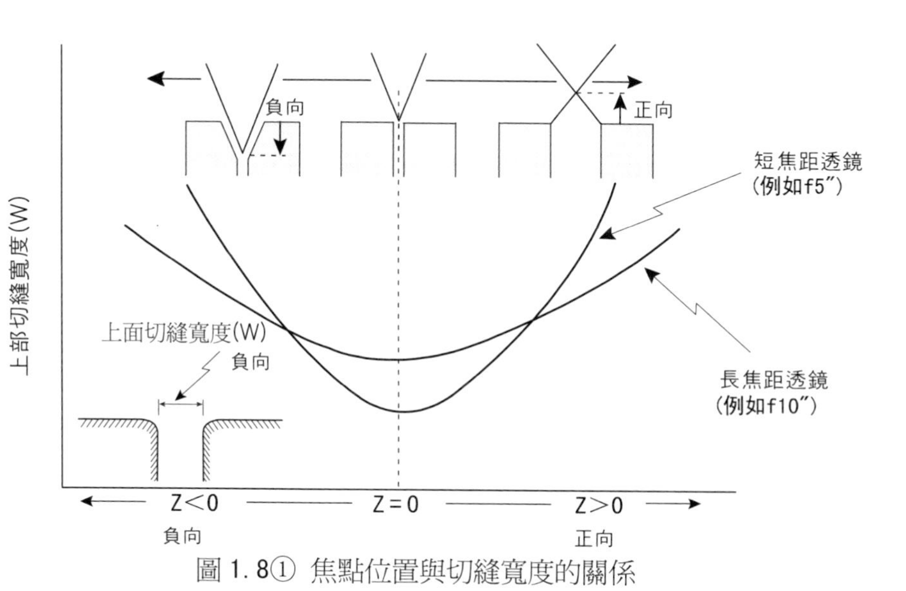

圖 1. 8① 焦點位置與切縫寬度的關係

表 1. 8② 焦點位置及其應用實例

焦點位置	特　　點	適　　用
(a) Z＝0	切縫最窄，可進行高精度加工。	• 需要減輕斜度的加工 • 對表面粗糙度要求高的加工 • 高速加工 • 要減少熱影響區的加工 • 微細加工
(b) Z＞0	切縫下方變寬，可改善氣體的流量、熔化物的流動性。	• 厚板的 CW、高頻率脈波加工 • 壓克力板加工 • 刀模加工 • 瓷磚加工
(c) Z＜0	切縫上方變寬，可改善氣體的流量、熔化物的流動性。	• 鋁材的空氣切割 • 鋁材的氮氣切割 • 不銹鋼的空氣切割 • 不銹鋼的氮氣切割 • 鍍鋅鋼板的空氣切割

1.9 透鏡焦距與切割性能的關係

【現象】

焦距不同的加工透鏡，聚焦後的光束焦點直徑和焦點深度都有所不同，加工特性也不盡相同。通常加工機上會標準配備一套加工頭（透鏡）。爲了能使加工性能得到最大限度的發揮，請充分理解各加工頭的性能，並再另外準備幾套，以便可根據需要靈活選擇使用。

如圖 1.9①所示，長焦距透鏡的聚焦直徑和焦點深度都比較大，而短焦距透鏡則相對比較小。單峰光束模式的雷射光束聚焦直徑 ω_0與焦點深度 Z_d的關係可通過下述近似公式來計算。

$$\omega_0 = f\lambda / \pi W$$

$$Z_d = \pm 0.46\omega_0^2/\lambda$$

f：透鏡焦距、 λ ：雷射光束波長、W：入射於透鏡的光束直徑

【原理】

(1) 薄板切割

簿板切割無需過多考慮切縫內熔融金屬的流動因素，比較適合使用聚焦直徑較小的短焦距透鏡。因爲短焦距透鏡能量密度高、熔融能力大，可在高速切割中發揮效果。另外，由於切縫窄、熱輸入少等特點，很適合於微細加工領域。

(2) 厚板切割

在厚板加工中，只有加寬切縫的寬度，才能使切縫內的熔融金屬流動順利。圖 1.9②所示爲對 9mm 厚碳鋼以 0.08MPa 的氣體壓力進行加工時可得到最佳切縫寬度的良好切割品質[4)]。切縫寬度在 0.45mm～0.55mm 的範圍內時，將不產生毛邊，切割面的粗糙度良好。要得到此切縫寬度，當透鏡是 f5” 透鏡時，焦點位置就需設在 Z＝＋1.3mm～＋2mm，而是 f7.5”透鏡時，焦點位置則需設在 Z＝＋1.0mm～＋2.7mm 範圍內。由此可以看出，在切割厚板時，焦點裕度較大的長焦距透鏡比較有利。在無氧化切割中，如果使用焦點深度大的長焦距透鏡，則切縫斜度會比較小，有利於借助輔助氣體的噴流將熔融金屬排出。

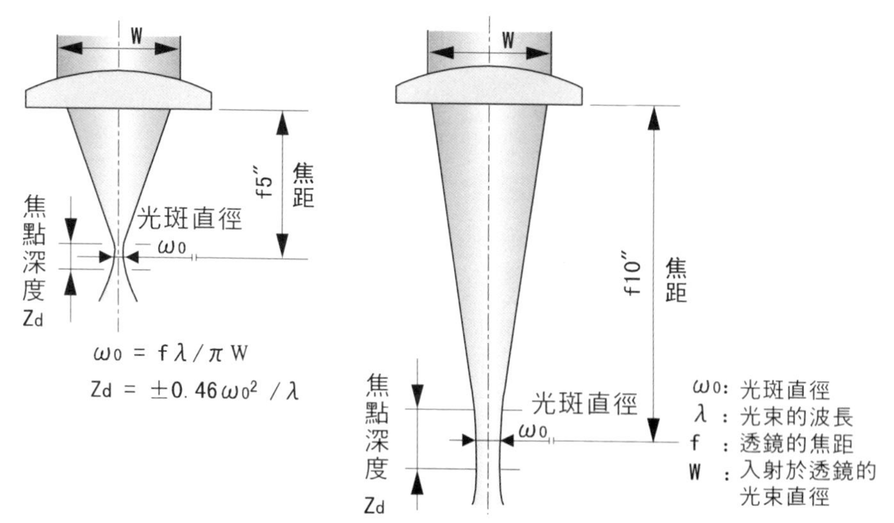

圖 1.9① 短焦距透鏡與長焦距透鏡

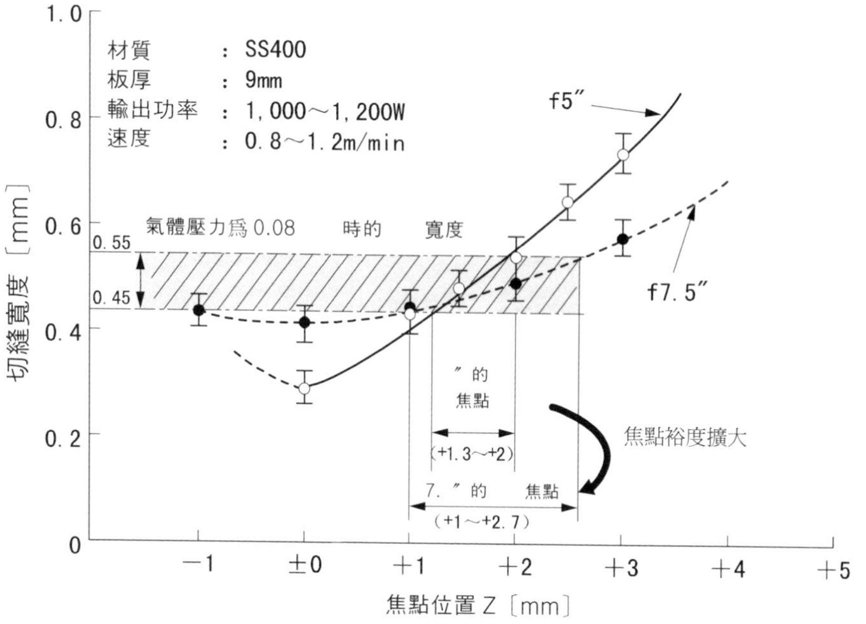

圖 1.9② 加工透鏡的焦距與最佳焦點位置

1.10 雷射功率、切割速度與切割的關係

【現象】

雷射功率是直接影響加工材料熔融能力的參數。如以下需要提高加工能力的要求都可以通過加大雷射功率來滿足。

（1）加快切割速度

（2）加工的工件厚度較大

（3）加工物件是鋁或銅等高反射率材料

（4）透鏡需要從短焦距透鏡改爲長焦距透鏡

（5）焦點位置在加工材料表面的設定發生了變化

加工條件中的功率設定是否得當，可以通過觀察加工過後的切割面情況來進行判斷。圖 1.10①所示爲碳鋼厚板的切割實例。功率大於最佳值時，切縫周圍的熱影響區(燒痕)會變大，尖角部分會出現被熔掉的現象。另外，切割面上拖曳線的間距也會變大，且從上部到下部呈直線狀。

功率小於最佳值時，切割面的下部粗糙會明顯變差，如進一步惡化，切縫下部會呈現塌陷狀態，且掛渣也又多且堅，去除起來將會很困難。

功率爲最佳值時，切割面上拖曳線的間距會非常小，下部相對於加工的行進方向將稍呈延後狀態，對切縫周圍的熱影響也爲最小，尖角部被熔掉的現象也比較少。

加工條件是否得當，其實也無需等到加工結束後通過切割面品質來判斷，在加工過程中仔細觀察火花的濺射狀況也是足以作出判斷的。在切割過程中，從加工材料的下部濺射出的火花狀態將直接受切縫內熔融金屬的流動狀況影響。如圖 1.10②所示，如果從加工材料下部濺射出的火花是①直線、②稍延後、③纖細等形貌，這就意味著加工條件得當 [1)]。當功率不當時，在切割過程中從材料的下部濺射出的火花將表現爲①擴散、②與切割行進方向呈反向延後、③變粗等形貌。

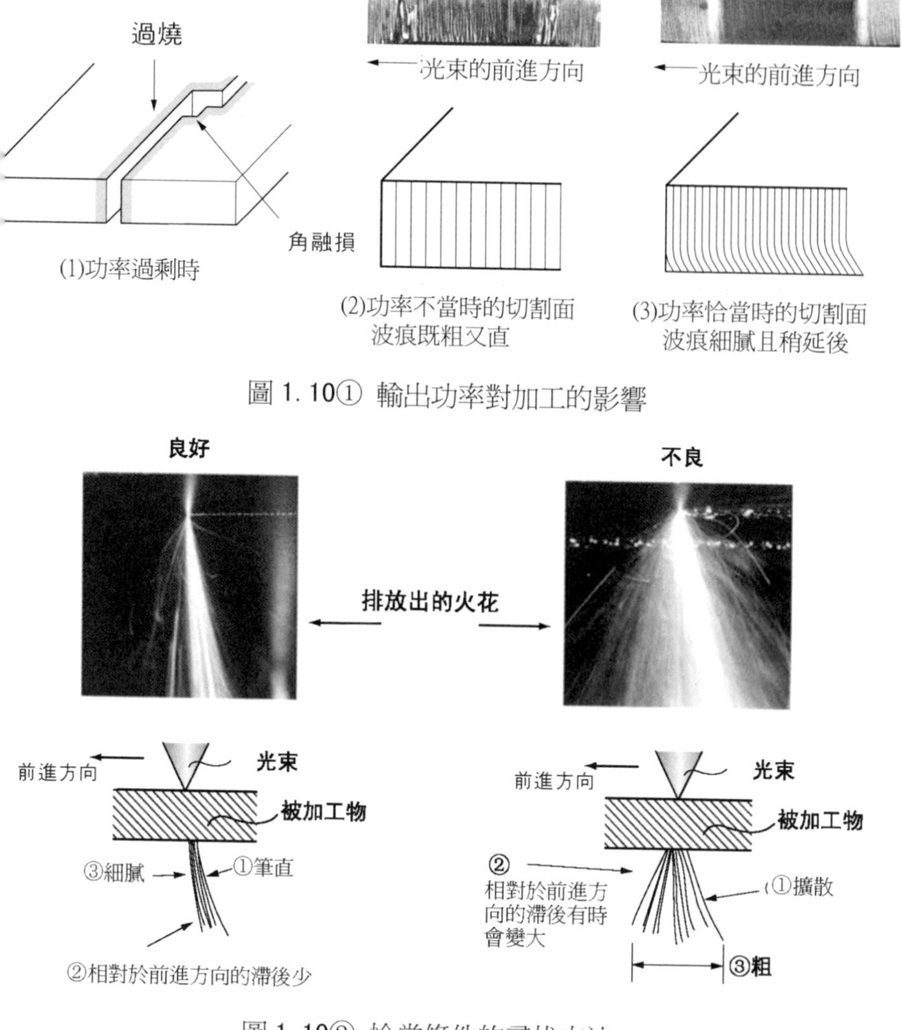

圖 1. 10① 輸出功率對加工的影響

圖 1. 10② 恰當條件的尋找方法

1.11 脈波頻率與切割的關係

【現象】

進行微細加工時，加工部的熱量過於集中，很容易發生熔損或過燒。像有此情況時，就需要邊冷卻邊加工，加工條件以反復進行光束的照射（ON）與停止（OFF）的脈波條件爲佳。

圖 1.11①中以切割 5mm 厚 SK3 材料爲例，顯示了在不同脈波頻率條件下的切縫截面、熱影響層寬度的情況。熱影響越大，熱輸入就越多，也就越容易產生被熔掉或過燒等現象。熱影響基本是在切縫的左右均勻發生，並從上部向下部呈遞增趨勢。圖中資料是對切縫的上部(H_u)、中央部(H_m)、下部(H_d) 的三處熱影響層寬度進行測量的結果。相對於脈波頻率的變化，上部(H_u)和中央部(H_m)的熱影響層寬度變化較小；下部(H_d)熱影響層寬度在頻率爲 50Hz 時是基本與中央部(H_m)相同的，但隨著頻率的降底，下部熱影響呈減少趨勢。

【原理】

脈波條件變化時，不參與切割而從加工材料穿過到達底面的雷射量也會相應發生變化。圖 1.11②是通過切割時透過加工材料底面的雷射功率 P_2，與所照射的雷射功率 P_1 的關係計算出的光束被加工材料的吸收利用率 γ〔（P_1-P_2）／P_1〕。在測量 P_2 時，爲了排除熔融金屬的熱影響，使用的是（2）所示方法。從圖中可以看出，頻率越低，不參與加工而直接透過的能量就越多，能量被加工材料利用的比率就越低，加工中的熱輸入就越少 [5]。降低頻率後，單一脈波的能量得到提高，單一脈波的加工量也因此而加大，板厚方向的加工能力得到擴大。另外，由於停止（OFF）的時間也同時增加，這就使抑制過燒或熔損的冷卻能力得到強化。不過，單一脈波的加工時間和停止時間的變長，會使光束照射位置周圍的熔融範圍變大，切割面粗糙度變差。而提高頻率時，每一脈波板厚方向的加工能力和冷卻能力都會降低，抑制過燒或熔損的能力也會相應降低。高頻率條件下的加工特性接近於 CW 加工。

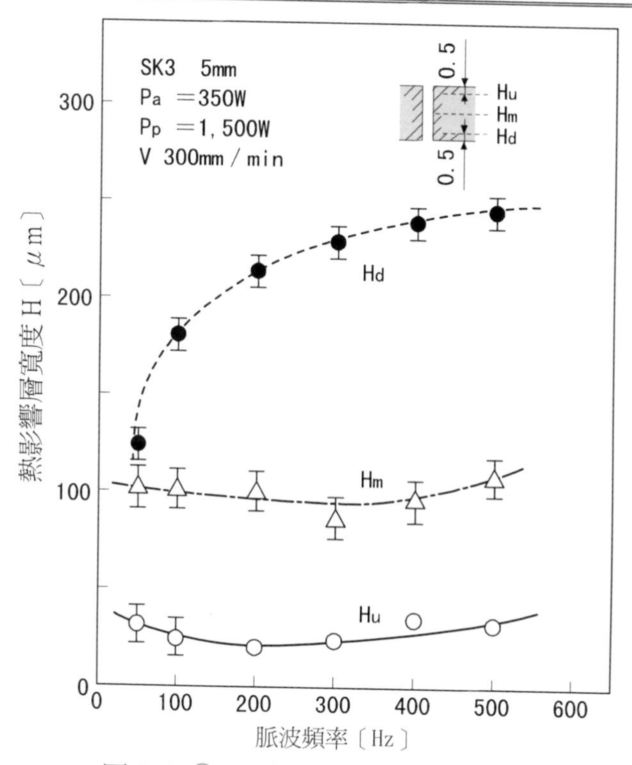

圖 1.11① 脈波頻率與熱影響層寬度的關係

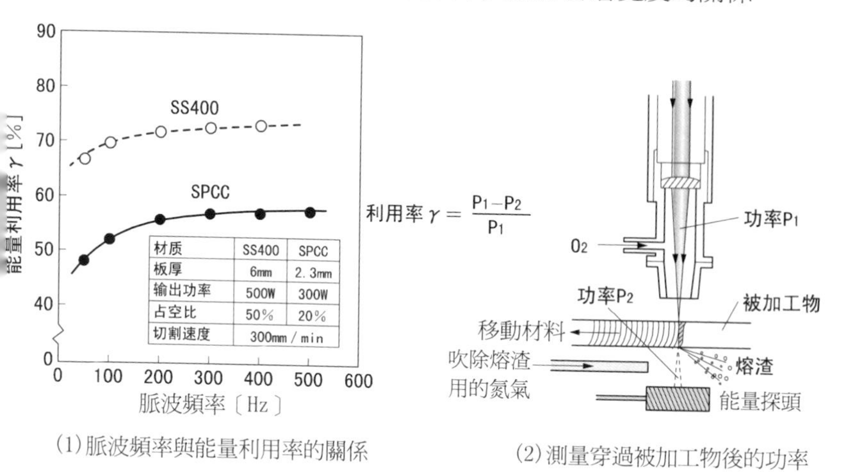

材质	SS400	SPCC
板厚	6mm	2.3mm
输出功率	500W	300W
占空比	50%	20%
切割速度	300mm / min	

(1)脈波頻率與能量利用率的關係

(2)測量穿過被加工物後的功率

圖 1.11② 切割中所用能量的對比

1.12 脈波有效放電率與切割的關係

【現象】

脈波有效放電率是指每一脈波中光束照射時間所占的比例。根據平均功率(P_a)和有效放電率(D)的關係，可以按如下公式計算出脈波峰值功率(P_p)(圖 1.12①)。

$P_p = P_a / D$

圖 1.12②所示爲脈波峰值功率 P_p 與切割面粗糙度 R_z 的關係。脈波切割條件時，使切割速度 V 與頻率 f_p 保持不變。所示切割面的粗糙度是分別對 1.2mm、3.2mm、6.0mm 厚碳鋼材料的上部(R_u)與下部(R_d)進行測量的結果。所有的板厚都顯示出上部切割面粗糙度比下部切割面粗糙度好；脈波峰值功率越大，切割面粗糙度就越好。圖 1.12③顯示的是脈波峰值功率與熱影響層寬度的關係。熱影響層寬度(H)是在上部(H_u)、中央部(H_m)、下部(H_d)的三處進行測量的結果。熱影響層最寬的是下部(H_d)，從中央部(H_m)到上部(H_u)熱影響層寬度呈減小趨勢。脈波峰值功率越大，熱影響層寬度就越小，特別是切縫的下部受脈波特性影響表現得尤爲明顯，熱影響層隨脈波峰值功率的變化而變化的比例相對比較大。

【原理】

在平均功率一定時，脈波的有效放電率減小，則峰值功率會變大，每次脈波照射時的能量會相應增加，每一脈波的加工量增加，會使板厚方向的加工能力提高。另外，由於停止時間也會同時增加，能抑制過燒或熔損的冷卻能力也會相應增強。反之，如脈波的有效放電率很大，脈波條件會向 CW 條件接近，板厚方向的加工能力和冷卻能力都會相應降低，也會使低速加工中對過燒、熔損現象的抑制能力降低。圖 1.12④是分別以減小脈波有效放電率、加大峰值脈波及加大脈波有效放電率、減小峰值脈波的條件進行穿孔加工後各截面的對比圖，充分體現出了脈波特性對加工的影響。

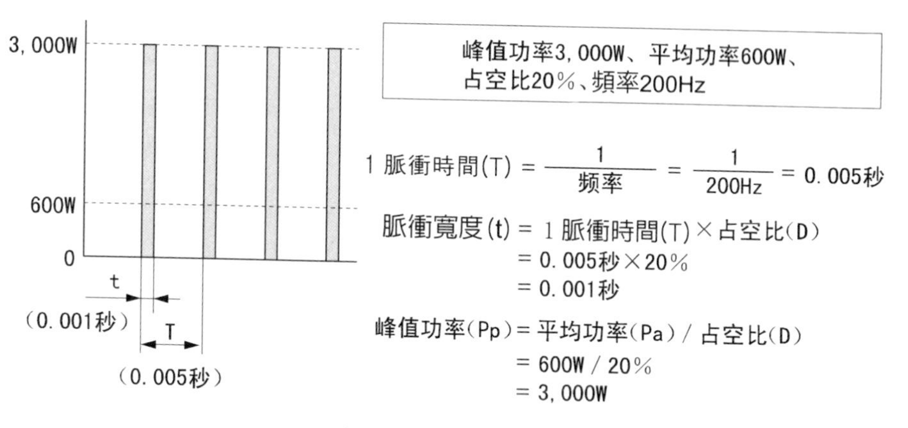

圖 1.12① 脈波各參數間的關係

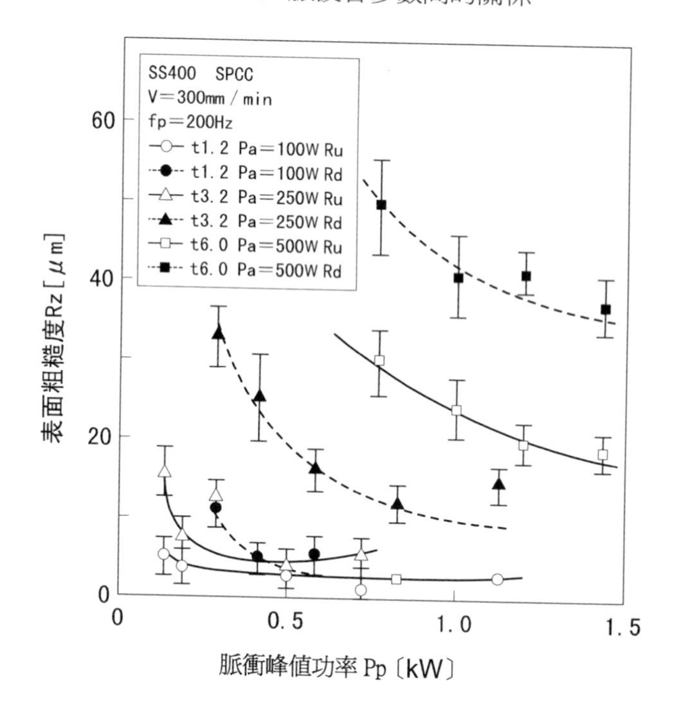

圖 1.12② 脈波峰值功率與切割面粗糙度的關係

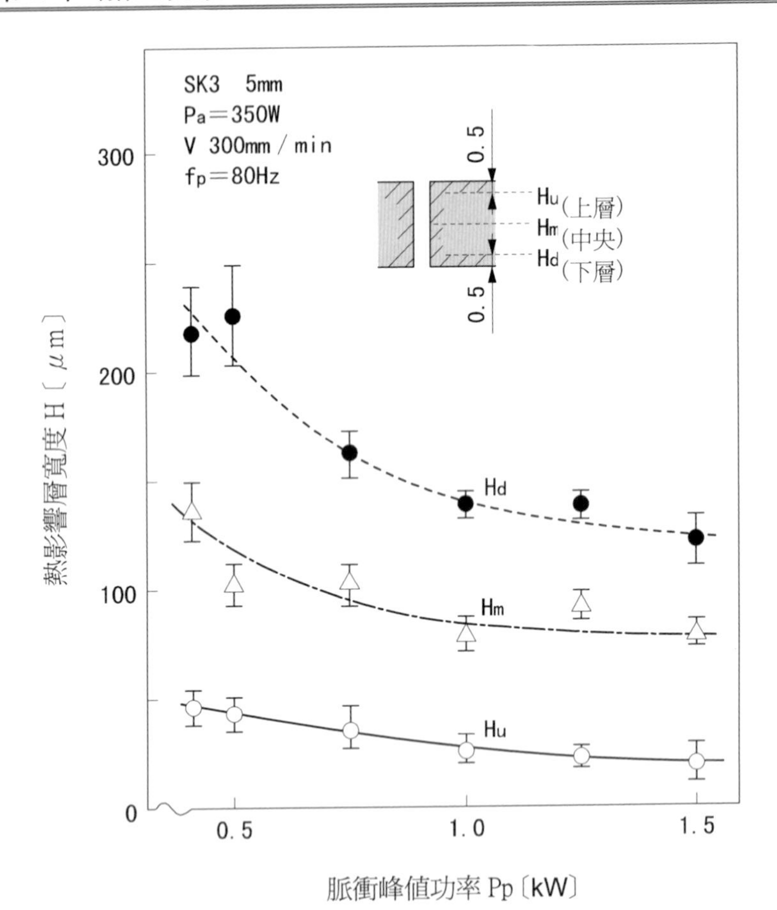

圖 1.12③ 脈波峰值功率與熱影響層寬度的關係

材質:SS400 板厚:9mm

(1)以有效放電率小的脈波進行的加工

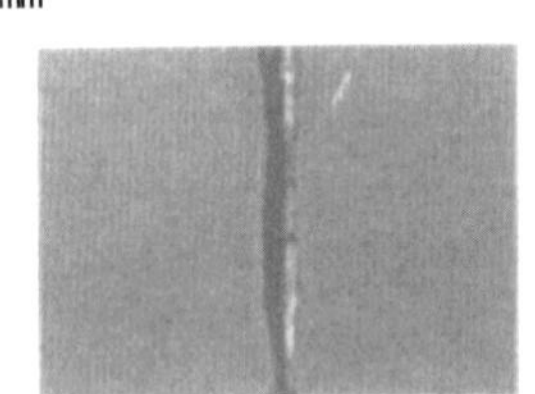

(2)以有效放電率大的脈波進行的加工

圖 1.12④ 穿孔洞的截面

1.13 氧氣輔助氣流與切割性能的關係

【現象】

在以氧氣爲輔助氣體的金屬切割中，氧氣起到對加工材料燃燒的助燃，及把熔融金屬從狹窄的切縫內高效排出的作用。

在碳鋼材料的厚板切割中，利用氧氣的燃燒反應產生的熱能進行加工，可大幅提高切割能力。氧氣的純度決定燃燒的效率，對加工性能影響很大。（燃燒反應對加工的影響在其他的章節中有詳細論述，敬請參閱。）在碳鋼的薄板切割中，雷射光束的熔融作用大於燃燒反應作用，因而氧氣純度對加工影響得比較小。

【原理】

在碳鋼的厚板切割中，氧化燃燒反應所產生的熱能將起主要作用，從噴嘴噴出的氧氣的純度與加工品質的關係將如圖 1. 13①所示。在 16mm 厚板材的切割中，當氧氣氣體純度低於 99. 61%時，切割面下部的加工品質開始變差[6)]。當然，切割速度也有所下降。氧氣純度在加工區域內降低的主要原因是：氣罐內含有不純淨物、從板厚上部到下部的燃燒中氧氣被消耗以及空氣從切縫後方侵入等。切割速度越快、板材越厚，則拖曳線就越會向後方延後。另外，從噴嘴下氧氣環境中的脫離，會更進一步導致氧氣純度的下降。

解決方法如圖 1. 13②所示，即對從切割前沿到板厚下部範圍通過從噴嘴噴出的高純度氧氣來進行遮蔽的方法。方法之一就是，使用雙重噴嘴來遮蔽加工的前沿。如使用雙重噴嘴，則在中央噴嘴向雷射光束的照射部分噴射氧氣時的同時，週邊噴嘴也會向照射部的周圍噴射氧氣，從而使得氧氣能供應到板厚的下部。圖 1. 13③所示爲分別用單孔噴嘴與雙重噴嘴切割 25mm 厚碳鋼材料（SS400）的切割面照片。在板厚的上部，切割面粗糙度沒有什麼差異，而從中央部到下部，則是雙重噴嘴的切割粗糙度比較好。

氧氣純度	切割面	氧氣純度	切割面
99. 75%		99. 54%	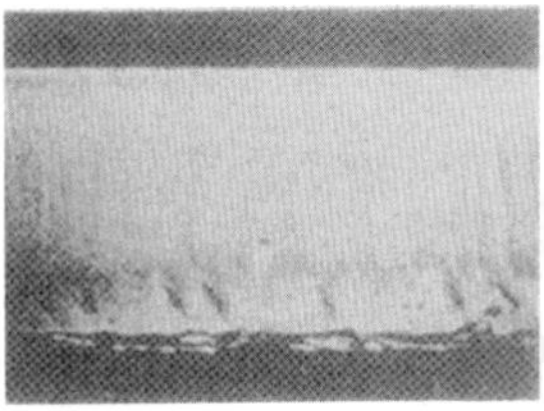
99. 68%	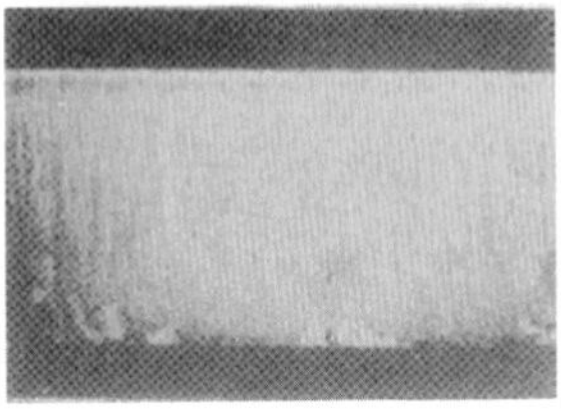	99. 50%	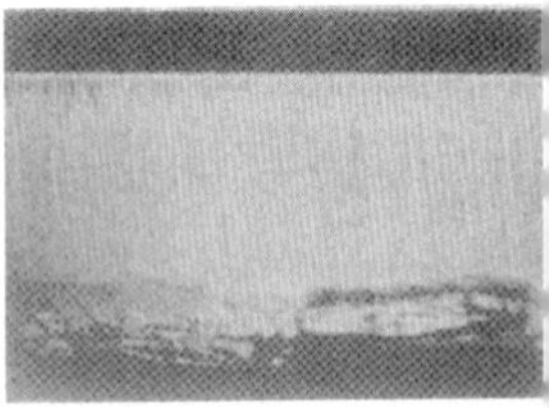
99. 61%	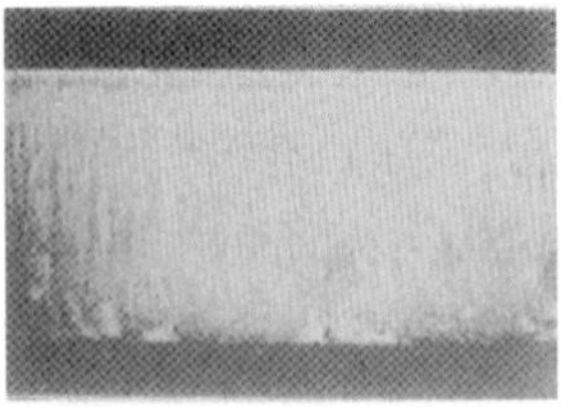	99. 45%	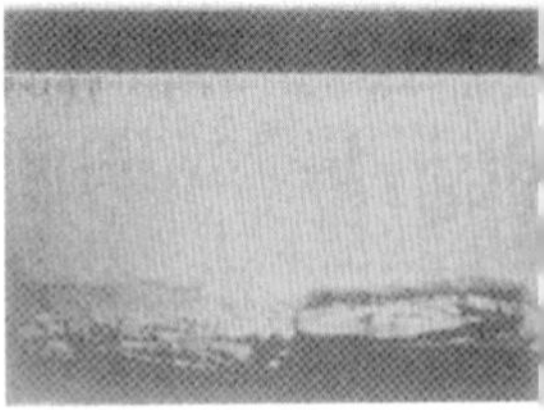
99. 57%	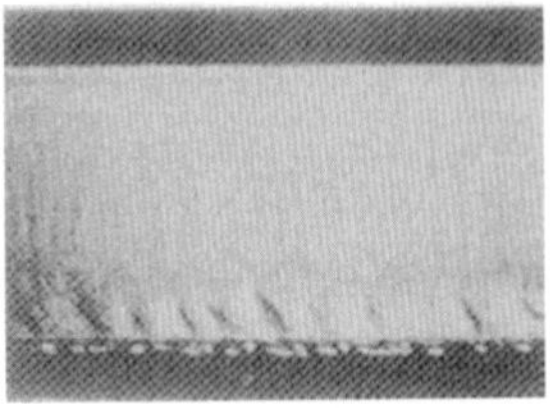	材質:SS400 板厚:16mm	

圖 1. 13① 氧氣的純度與切割性能的關係

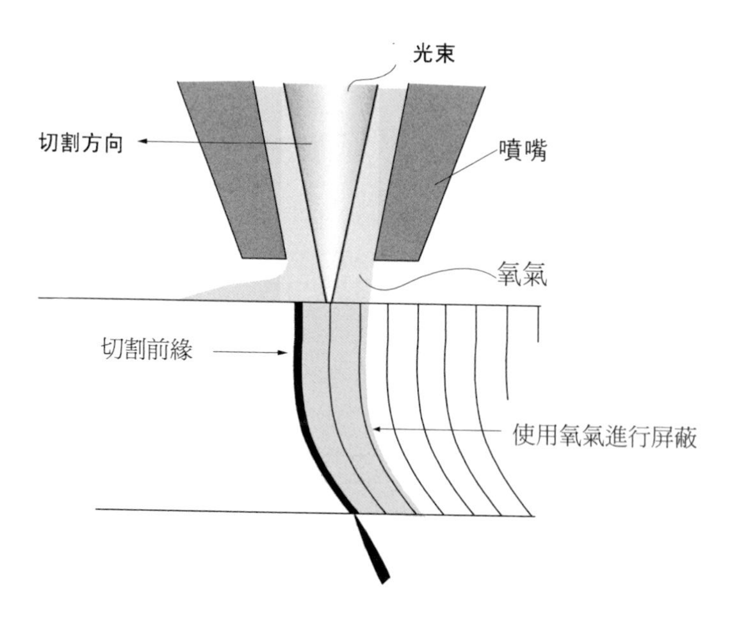

圖 1. 13② 使用氧氣輔助氣體對加工部位進行遮蔽

材質:SS400 板厚:25mm

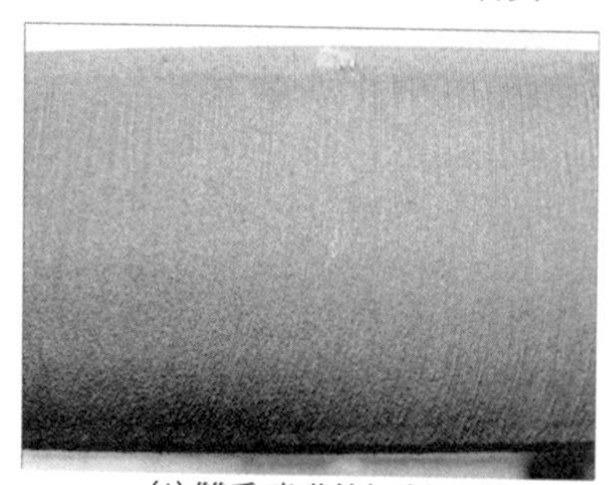

(1)雙重噴嘴的切割

(2)單孔噴嘴的切割

圖 1. 13③ 切割面粗糙度的對比

1.14 氮氣或空氣輔助氣流與切割的關係

【現象】

用氮氣或空氣進行切割時，輔助氣體的作用就是把因雷射光束照射而熔化的金屬從切縫的上部推向下部，進而從加工部的背面排出，防止在背面掛渣。

要想充分發揮輔助氣體的噴射作用，就需要切縫內能保持足夠的輔助氣體壓力。圖 1.14①所示爲分別對板厚爲 3、4、5、6mm 的鋁合金（A5052）材料以空氣作爲輔助氣體進行切割時，輔助氣體壓力（P）與最大毛邊高度（h）的關係。任何板厚都顯示爲輔助氣體的壓力越高毛邊的高度越小。

【原理】

我們將從噴嘴噴出後的輔助氣體壓力能保持在與噴嘴內壓力同等程度的範圍稱之爲潛在核。潛在核的特性直接影響上述掛渣情況。潛在核從噴嘴的前端起，其可以保持的距離與噴嘴的直徑成正比，噴嘴直徑越大，潛在核可維持的距離就會越長。不難想像，板材越厚所需要的噴嘴直徑就會越大。但是，隨著直徑的加大，輔助氣體的消耗量也會增加，選擇時需要根據加工材料的厚度，在板厚的毛邊容許量範圍內選擇最小的噴嘴直徑。

要使輔助氣體的壓力能從切縫的上部保持到下部，還需要對切縫形狀進行優化。切縫的形狀決定於照射到加工材料的光束特性。圖 1.14②顯示了在 5mm 厚鋁合金（A5052）的切割中，當焦點位置在板厚的內部進行變化時，切縫形狀及切割面形貌也隨之變化的狀況[1)]。負調整量越大，上部切縫就越寬，斜度也就越大。在該實驗中，焦點位置設在差不多是板厚底部的位置上時得到了良好的加工品質。需要注意的是，焦點位置的最優值將會根據光束的聚光特性而有所差異。

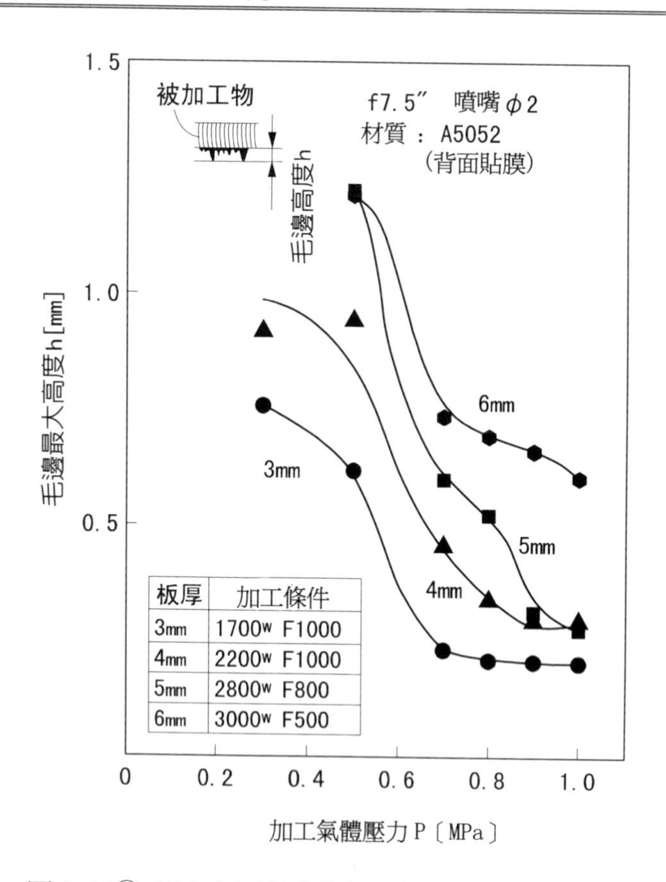

圖 1.14① 鋁合金切割中的加工氣體壓力與毛邊高度的關係

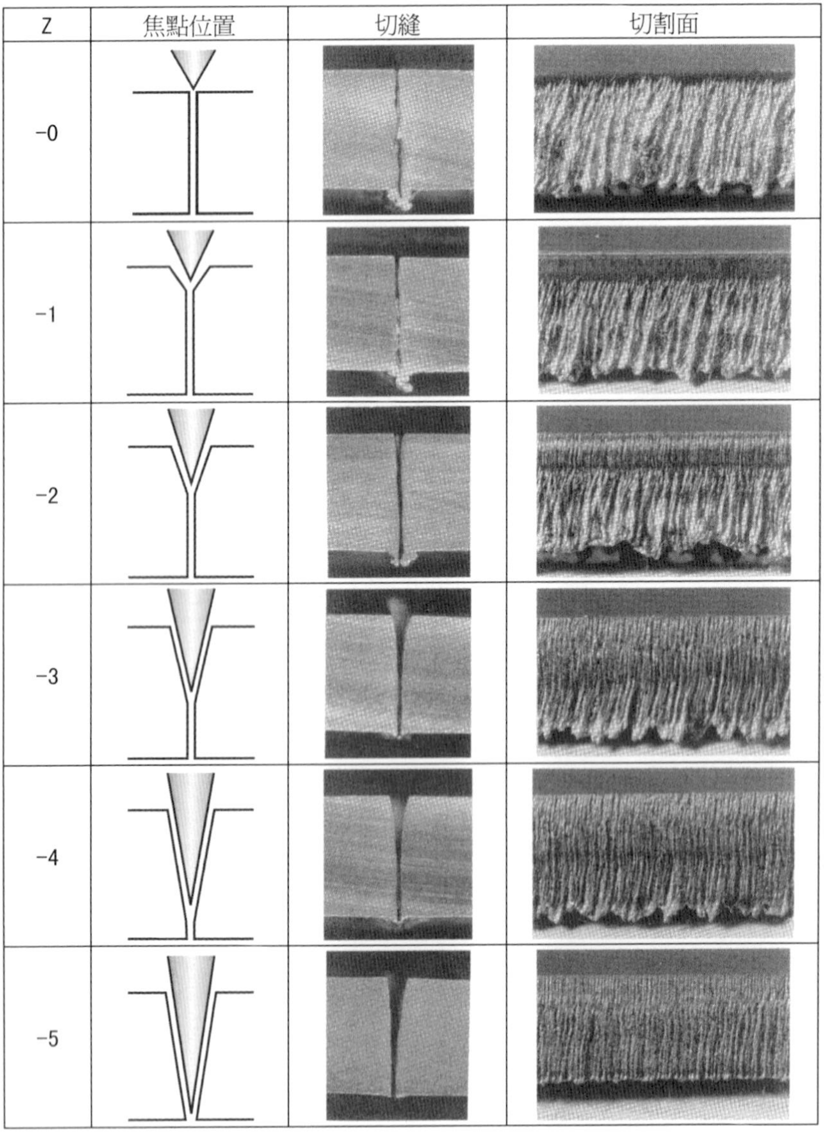

Z	焦點位置	切縫	切割面
-0			
-1			
-2			
-3			
-4			
-5			

2mm

材質　：鋁合金（A5052）
板厚　：5mm
輸出功率　：2kW
速度　：0.8m／min
輔助氣體　：空氣 0.8MPa

圖 1.14② 鋁合金切割中的焦點位置變化與切割品質的關係

1.15 加工材料要素與切割性能的關係

【現象與原理】

（1）加工材料的溫度上升所造成的影響

如果穿孔位置過於集中或是位於切割線附近，則加工位置處的溫度會較高，很容易引起穿孔的不良。雷射切割的零件就在近旁或零件加工的路徑比較複雜時，加工材料的溫度很容易升高並產生過燒。

讓材料的溫度從常溫到 200℃以 50℃間隔進行變化，對 12mm 厚 SS400 進行了加工，其溫度變化與加工不良之間的關係如圖 1.15①所示。比例是在各溫度下分別加工 50 個零件時所得到的切割不良的比例。結果就是隨著溫度的升高，加工不良的比例在增加。解決方法就是調整加工順序，改進提取多個或嵌套程式中加工路徑的設計，使穿孔和切割要儘量能在常溫中得以完成。

（2）加工材料表面的影響

雷射加工的原理是通過光束被加工材料的表面均勻穩定地吸收，之後雷射光束被轉化爲熱能，材料從而開始熔化（加工）。要使此熔化作用穩定進行，就需要加工材料表面對雷射光束的均勻要吸收。也就是說，材料的表面狀態對於雷射切割是非常重要的。切割前，需要確認氧化皮是否起伏較小且均勻，要查看有無剝離、有無鐵銹、油漆之類的污漬。圖 1.15②所示爲不同鋼材生產廠家所生產材料表面的放大照片。可以看出在表面狀態上存在著很大差異。圖 1.15③所示爲 19mm 厚 SS400 的氧化皮粗糙度 Ra 與雷射切割性能的關係。圖中雷射功率與切割速度的關係：切割品質良好的條件爲○、切割面上有缺口或產生毛邊切割品質不佳的條件爲△、過燒用×表示。氧化皮粗糙度越好的材料，加工條件的裕度就越寬，切割面粗糙度也越好。當前無論是日本國內還是國外廠家，都在積極開發雷射切割用的鋼板，相信在不久的將來在品質上一定會有更進一步的改善。

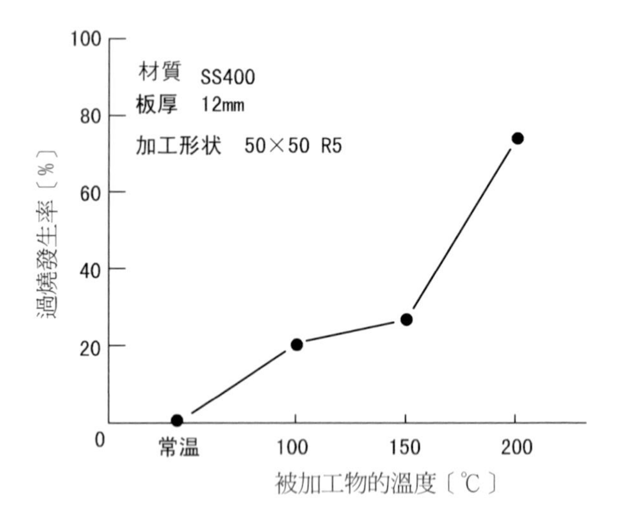

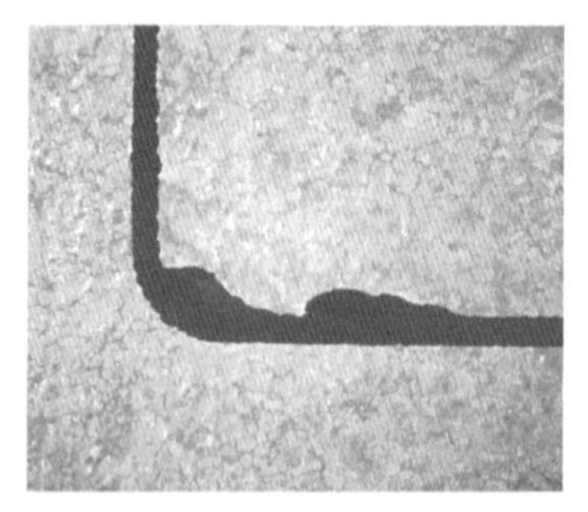
轉角 R 處的過燒

圖 1.15① 被加工物溫度與加工不良的關係

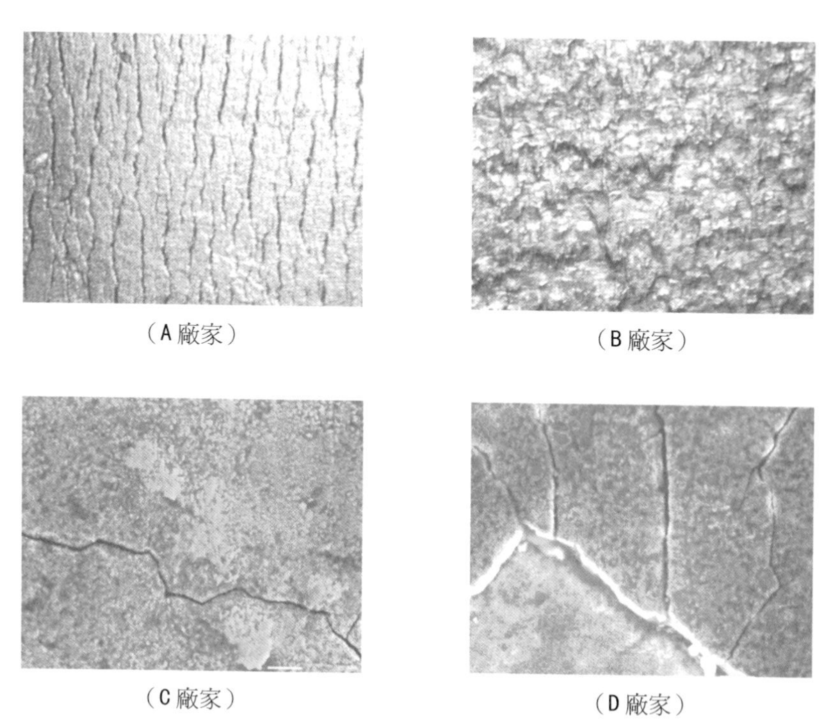

圖 1.15② 日本國內各材料廠家的 SS400 表面氧化皮狀況

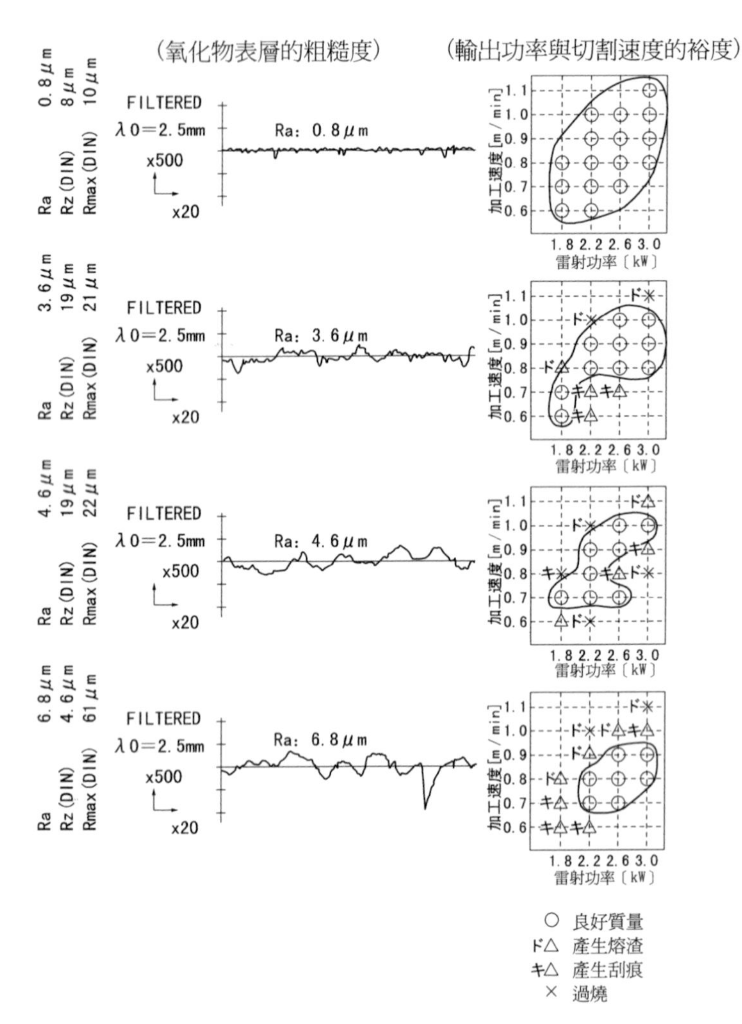

圖 1.15③ 材料表面氧化物粗糙度與加工條件裕度的關係

第 2 章

雷射加工機的基礎

要理解雷射加工機各要素是如何對切割能力、切割品質產生影響的，首先需要弄清雷射加工機各裝置、各零部件的名稱及其作用。作爲問題解決的關鍵，對雷射及各輔助氣體的控制問題至關重要，請細心留意各要素改變時加工現象會相應發生的變化。

2.1 加工頭的結構與功能

【功能】

加工頭具有如圖 2.1①所示的功能，有著提高加工能力、使加工能力在長時間的連續運轉中保持穩定的作用。

① 加工透鏡是用來把從發振器射出的直徑為 15～25㎜ 的雷射光束聚焦成能量密度最適於加工的光學元件。

② 將輔助氣體引導到加工透鏡下方，讓輔助氣體和雷射光束同軸向被加工物噴射。

③ 噴嘴安裝於加工頭的前端，有助於控制輔助氣體，選擇時要根據加工內容進行選擇。

④ 噴嘴所具備的在高速切割中也能使被加工物和噴嘴間的距離保持一定的靜電容量感測器功能已成為一個一般化的功能。

⑤ 噴嘴的中心需要與雷射光束的中心一致，通常加工頭上都會配備有噴嘴位置及透鏡位置的調節功能。

⑥ 透鏡具有相對於加工頭能單獨移動的功能，即可在噴嘴與被加工物間的距離保持不變的情況下焦點位置發生改變。

⑦ 透鏡的溫度不宜過高。可通過對透鏡架進行水冷式冷卻來達到對透鏡的間接性冷卻。

⑧ 從透鏡的上方向透鏡噴射的氮氣或乾燥空氣，在起到冷卻作用同時，也被用來進行光路保潔。

⑨ 加工透鏡的上方裝有光感測器，是用來測量加工部的光能量，有些也具備防止過燒、對焦點、防止產生等離子體等的功能。

⑩ 加工透鏡的上方裝有煙霧感應器，具有在透鏡被燒壞時使加工停止的功能。

【結構】

無論是二維加工機的加工頭還是三維加工機的加工頭，基本上都具有上述中所有的或部分的功能。在雷射切割中，原則上是向被加工物的加工面垂直照射雷射光束。三維加工機要實現高速切割，就需要對射向被加工物的角度進行高速控制，其加工頭的結構也因此是比較複雜的。圖 2.1②是對二維加工機與三維加工機的加工頭結構進行的對比。在為三維加工機選擇加工頭時，需要根據其具體用途而定，用於高速切割、焊接兩用或加工對象是深拉件等等，所適用加工頭都將各不相同。

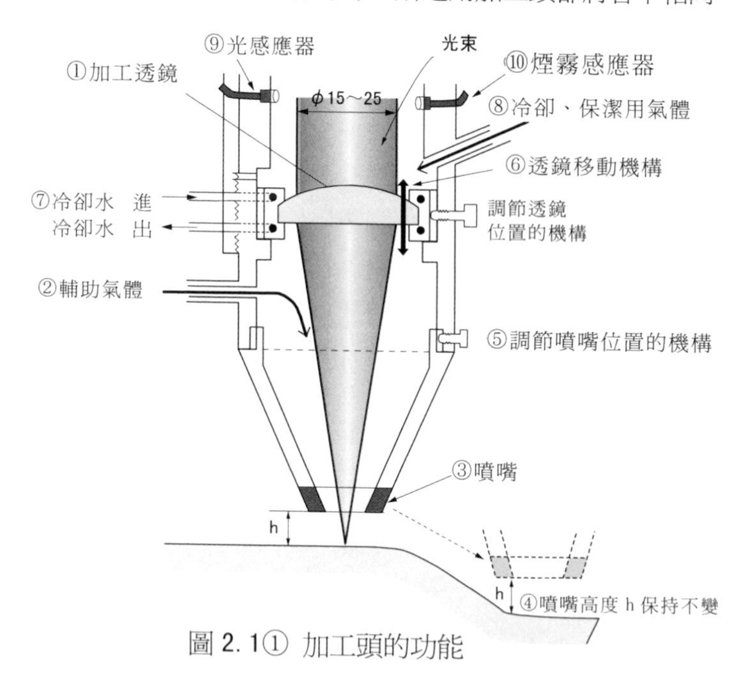

圖 2. 1① 加工頭的功能

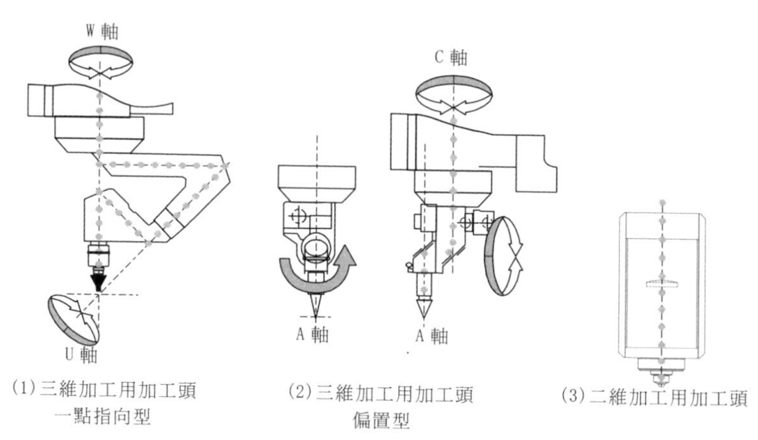

圖 2. 1② 加工頭的結構

2.2 光學元件的佈局

【結構】

發振器內配有調製雷射用的光學元件，在加工機端配有將雷射光束引導到加工頭的光學元件以及最後進行聚光的光學元件。圖 2.2①是個概略圖。

(1) 雷射發振器內的光學元件

該圖所示爲在切割加工領域中應用比較普遍的二氧化碳雷射發振器內所用光學元件。在激發雷射的介質（包括 CO_2 在內的氣體）的兩端分別配置有全反射鏡（TR 鏡）和半反射鏡（PR 鏡）。要得到更高的輸出功率，就需要擴大 TR 鏡與 PR 鏡間的間隔，通常是通過配置多個全反射鏡，讓光束反復進行折射，來達到擴大間隔的目的。

如圖 2.2②所示，在光學元件中，TR 鏡之類的全反射鏡可以從整個背面進行冷卻，因此不會產生熱鏡效應。而 PR 鏡，因爲其是雷射光束可穿過的透過型光學元件，因此冷卻只能對其邊緣面進行，是會產生熱鏡效應的。

(2) 加工機端的光學元件

加工機端配置有多個全反射鏡（折射鏡：BM）和圓偏光鏡（阻滯光鏡），雷射光束由此而被從發振器引導到加工頭處。BM 的佈局將根據加工機的類型（動光式型、混合光路型、光軸固定型）而有所不同。

動光式是指加工頭能在加工台的加工範圍內任意移動的光路類型。由於雷射光束所固有的發散角的存在，雷射光束的直徑會在移動中發生變化從而導致加工上的不穩定。如圖 2.2③所示，動光式時配置光路一定長的裝置，就可以使加工頭處的雷射光束的直徑保持不變[4]。如果因成本等原因不能配置光路一定長的裝置時，則也可以通過設置凹凸鏡來縮小雷射光束的發散角。

(3) 加工頭

加工頭內的透鏡和 PR 鏡一樣，也是可透過光束的光學元件。透鏡的冷卻是通過對透鏡筒的冷卻而實現的間接性冷卻，因此冷卻能力不是很充分。另外，因爲透鏡距加工點很近，很容易被弄髒，也是容易產生熱透鏡效應的原因之一。

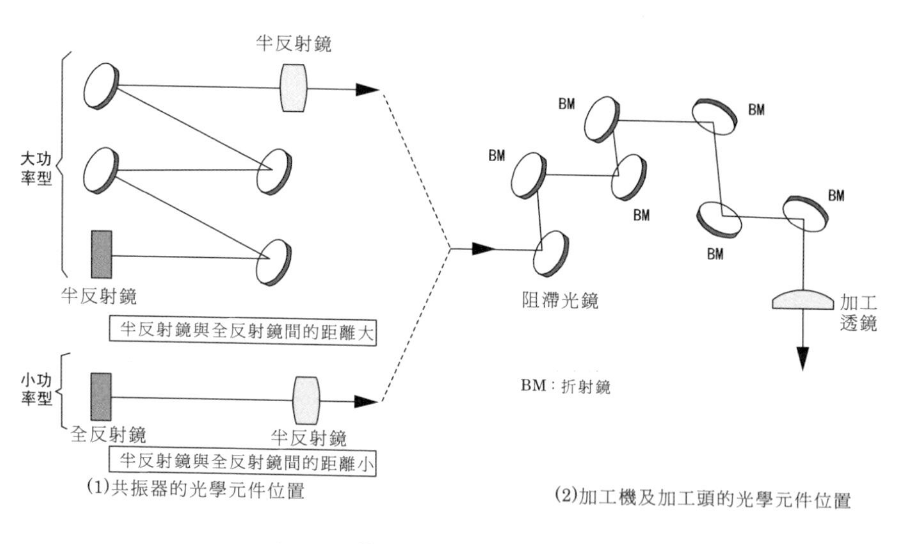

圖 2. 2① 光學元件位置佈局簡圖

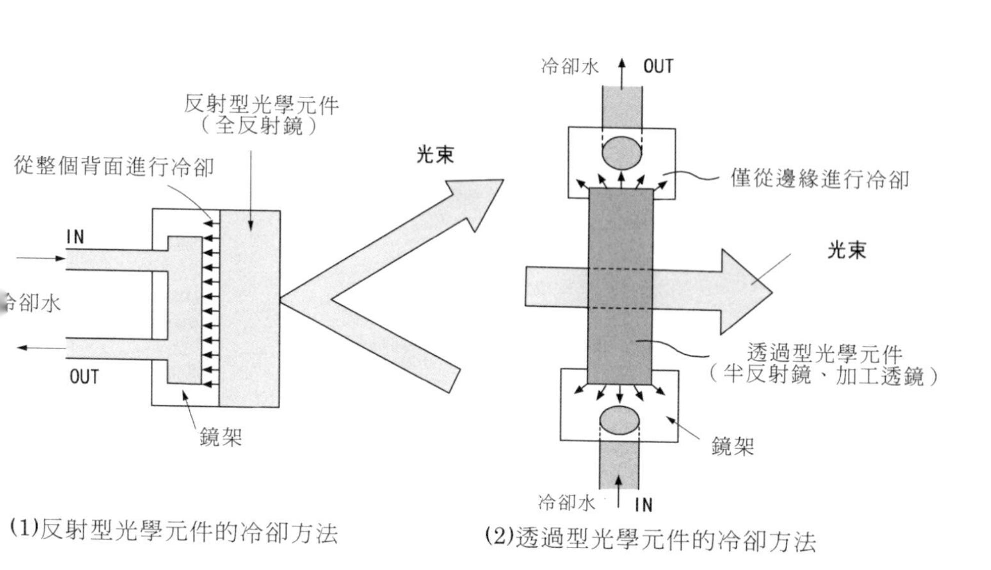

圖 2. 2② 冷卻方法

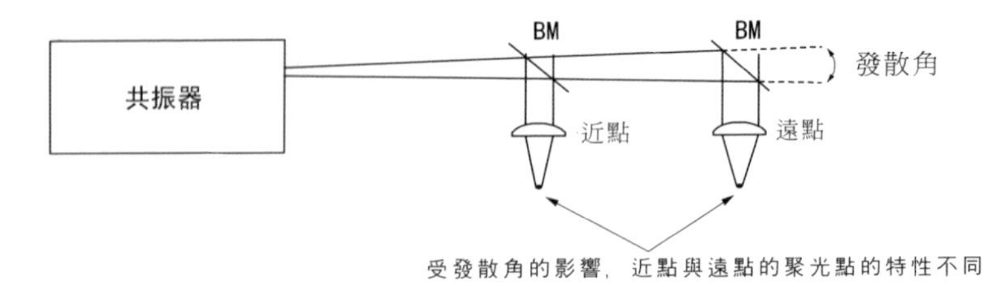

(1)受發散角的影響加工不穩定

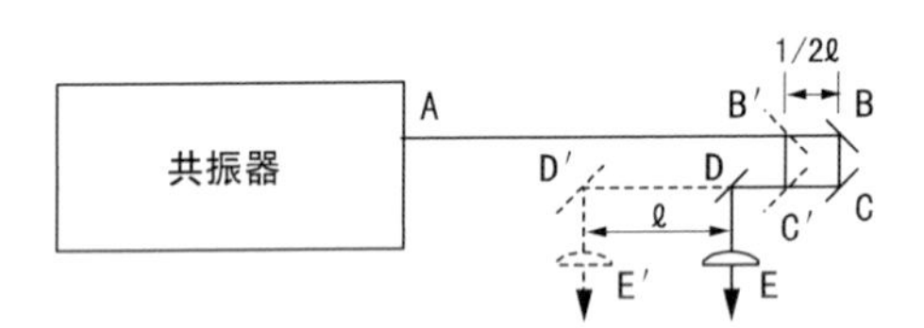

(2)利用光路一定長方式提高加工的穩定性

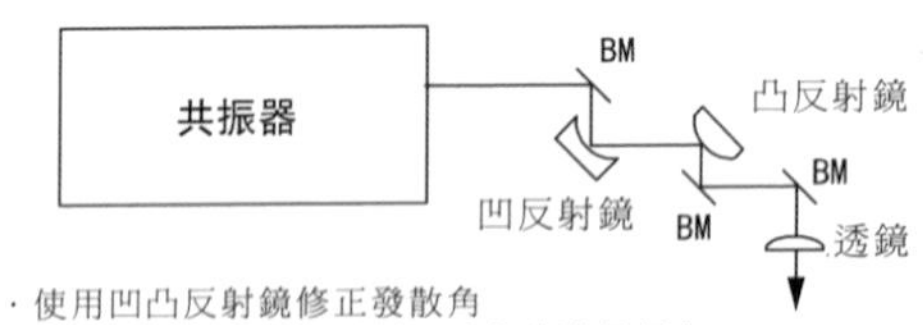

(3)通過搭配凹凸鏡來修正發散角

圖 2. 2③ 發散角的影響及其改善

2.3 熱透鏡效應對切割加工的影響

【現象】

雷射光束穿過不乾淨的加工透鏡或 PR 鏡等光學元件時，污漬部分會吸收雷射光束。光學元件吸收了雷射光束後，溫度會上升甚至發生變形，折射率也會發生變化，結果就如圖 2.3①所示，加工透鏡的聚光能力下降、焦點位置發生變化。光學元件的污漬所吸收的雷射光束的比例被稱為光束吸收率，即使加工透鏡是新的，光學元件也多少會吸收一些光束，新透鏡的吸收率大約為 0.2%。

【對加工的影響】

圖 2.3②所示為用三種污漬程度不同、吸收率也不同的加工透鏡進行切割實驗的結果。吸收率越高，就說明加工透鏡污漬越多。切割條件參數為：輸出功率 2300W、切割速度 1200mm/min，切割物件是 12mm 厚的碳鋼材料。

做法是把每個加工透鏡分別安裝在加工頭上，再分別讓雷射光束先照射 0～30 秒後再進行切割，對切縫的寬度進行了調查。（圖 2.3③）

圖 2.3②各點所示分別為：

① 照射雷射光束後，立即進行切割
② 照射 5 秒鐘後，立即進行切割
③ 照射 10 秒鐘後，立即進行切割
④ 照射 20 秒鐘後，立即進行切割
⑤ 照射 30 秒鐘後，立即進行切割

無論使用哪種加工透鏡進行切割，結果都是①照射雷射光束後立即進行切割時，由於此時加工透鏡還處於冷卻狀態，切縫寬度都是基本相同的，在 0.5mm 左右。但是，隨著雷射光束照射時間的增加，透鏡不同吸收率的差異就表現出來了。吸收率越高，焦點位置的偏移量就越大，切縫寬度也就變得越寬。從一開始照射到照射 10 秒鐘左右時的雷射光束焦點變化急遽，而後變化漸慢。圖 2.3④所示為使用吸收率為 1.14%的加工透鏡，①照射雷射光束後，立即進行切割時的切縫寬 A 和②雷射光束照射 30 秒鐘後，進行切割時的切縫寬 B。其中 B 的一個方向上的切口處產生了加工缺陷，這說明雷射模式在圓整度上出現了紊亂。如果透鏡髒到實驗中所用加工透鏡的狀態時，即吸收率高達

1. 14%時，則加工透鏡是很難僅靠清洗就能把吸收率完全恢復到原來狀態的。

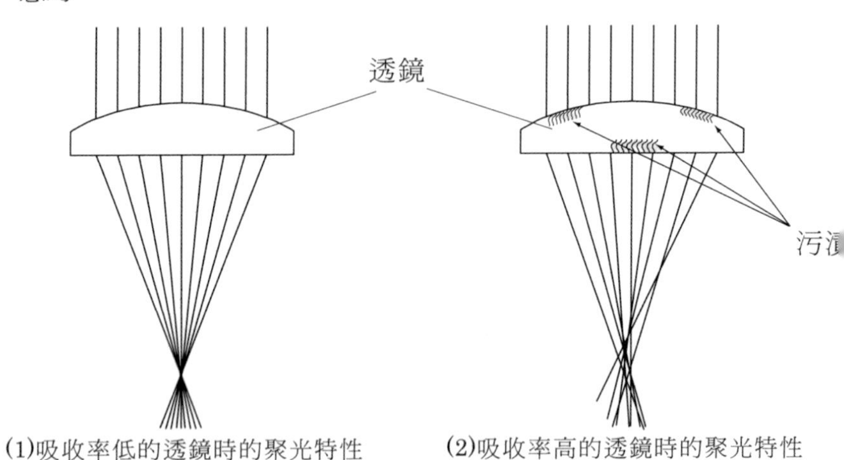

圖 2. 3① 熱透鏡效應的產生

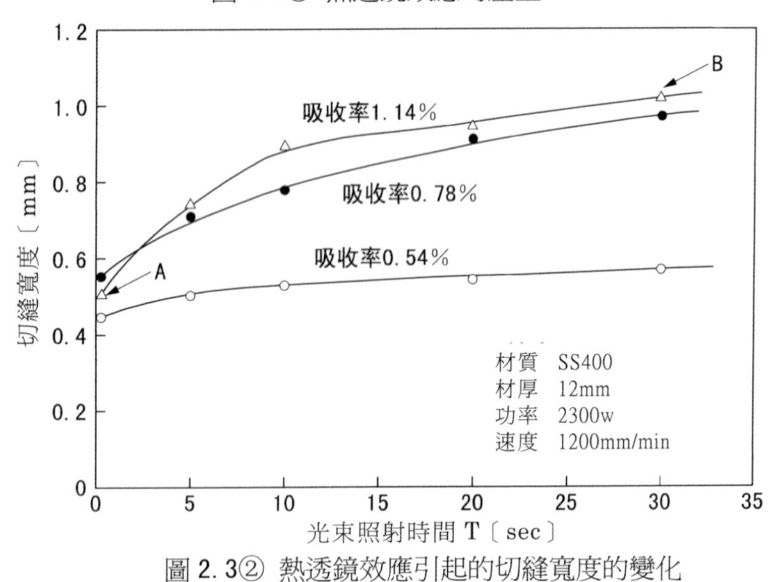

圖 2. 3② 熱透鏡效應引起的切縫寬度的變化

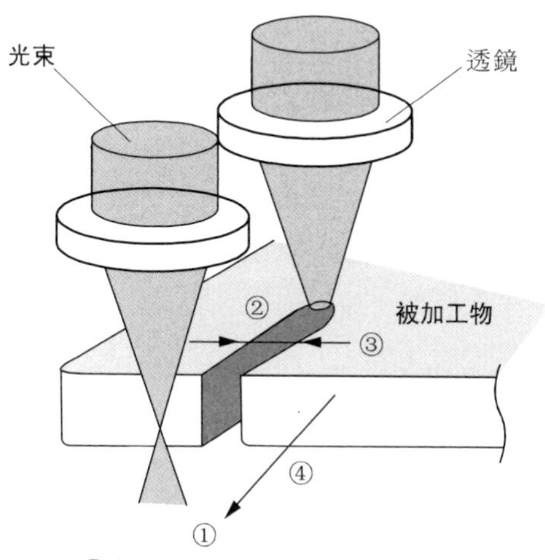

①在材料邊緣外側照射 T 秒光束
②照射光束後切割
③測量切縫的寬度
④將加工透鏡冷卻後，再從步驟①反復進行

圖 2.3③ 實驗方法

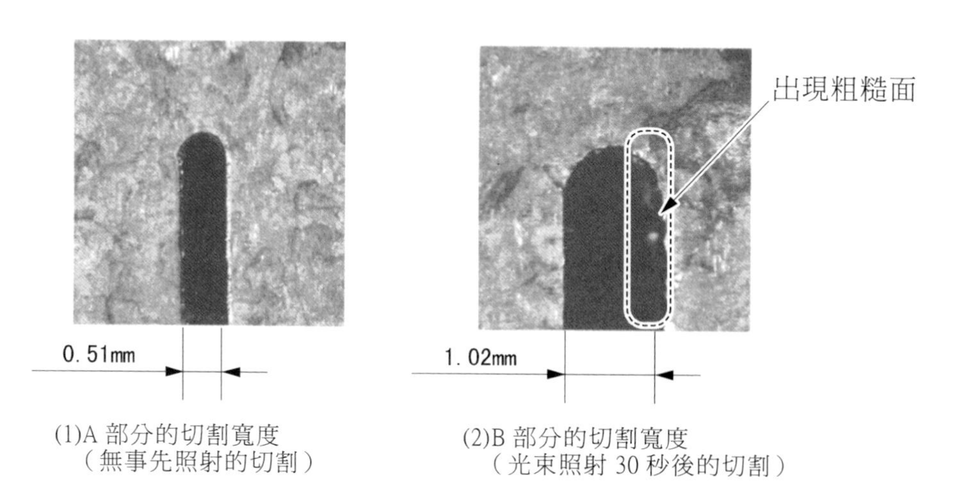

(1)A 部分的切割寬度
（無事先照射的切割）

(2)B 部分的切割寬度
（光束照射 30 秒後的切割）

圖 2.3④ 用吸收率爲 1.14%的加工透鏡進行切割的結果

2.4 熱透鏡效應與其他不良原因的分辨方法（初級判斷）

【現象】

雷射光束透過的光學元件（如加工透鏡、PR 鏡或視窗等）存在污漬時，雷射光束透過後會發生熱透鏡效應，切割面會因此而變粗糙，並會出現溶渣，甚至還會發生過燒。切割品質變差時，判斷其原因是否是因爲受熱透鏡效應的影響時，首先需要查看光學元件的性能是否是隨著雷射光束的照射時間而發生變化。剛剛開始加工時，光學元件還處於低溫狀態，而隨著加工的進展，熱透鏡效應的徵兆就會從切割面品質上表現出來。

【原因】

因爲可以對反射型光學元件（例如折射鏡）從其背面直接進行高效冷卻，反射型光學元件是幾乎不會發生熱鏡效應的，而透過型光學元件則只能通過對其周圍的冷卻來進行間接冷卻，光學元件的兩個面又都會產生熱，因此很容易產生熱透鏡效應。光學元件在溫度升高時，會產生熱變形，雷射光束的折射率也會發生變化，雷射光束的聚光特性也因此而產生變化。

【分辨方法】

對所切割工件的加工開始部分與加工結束部分的切割面進行比較。在加工開始部分處，由於雷射光束照射的時間還短，光學元件還處於低溫狀態，因此熱透鏡效應的影響比較小。而切割時間需要 10 秒以上的加工結束部分處，則因爲光學元件受雷射光束照射的時間較長，所以會發生熱透鏡效應，焦點位置、光束模式也都會發生變化。一旦焦點位置發生變化或光束模式發生變化，在持續照射的加工中，是不會自動返回到原來狀態的。加工如圖 2.4①所示的加工形狀後對其加工開始部分 A 和加工結束部分 B 的切割面進行比較，如果 B 的加工品質變差，則說明發生了熱透鏡效應；如果 A 處和 B 處品質都是同等程度的良好狀態時，則說明沒有發生熱透鏡效應。使用不銹鋼材料進行是否發生了熱透鏡效應的確認時，需要觀察加工開始部分與結束部分的溶渣狀況，如果加工結束部分的毛邊量增加，就說明可能是發生了熱透鏡效應。

另外，爲了排除光束模式的不均勻性或光軸的傾斜等的其他原因所引起的方向性原因，請注意在比較時一定要對相同切割面（相同加工方向）進行比較。

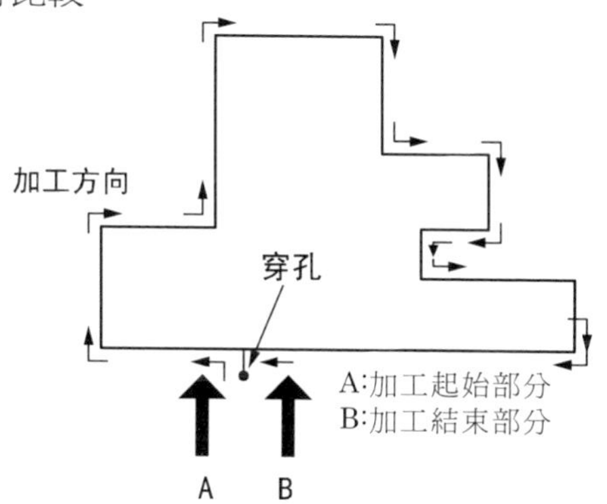

與穿孔線的切換部位

(1)發生熱透鏡效應時

與穿孔線的切換部位

A B

B 處比 A 處粗糙
B 面有時會溶渣

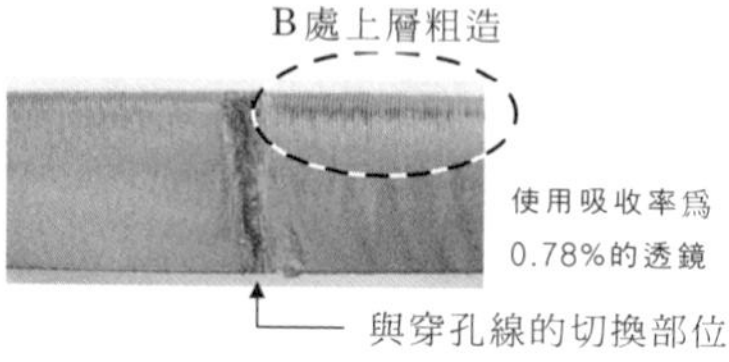

(1)沒發生熱透鏡效應時

(1)沒發生熱透鏡效應時

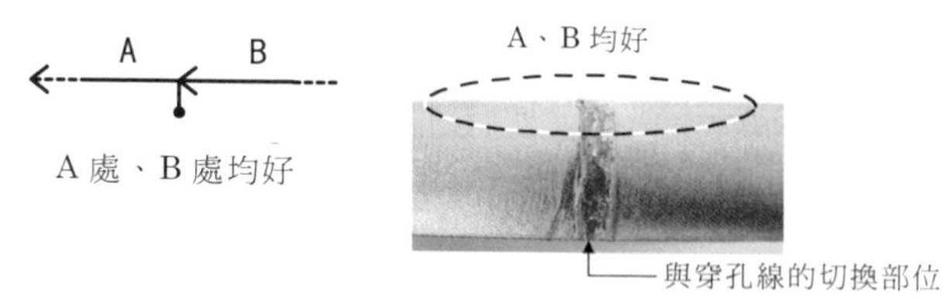

圖 2. 4① 通過加工面確認熱透鏡效應影響的方法

2.5 熱透鏡效應與其他不良原因的分辨方法（再次判斷）

【現象】

通過初級判斷確認到加工不良的原因可能是來自熱透鏡效應後，接下來就需要判斷是透過型光學元件中的PR鏡與加工透鏡中的哪一個發生了熱透鏡效應。請通過如下步驟進行確認，找到原因的所在。

【分辨方法】

基本方法是：①對光學元件不施加熱負荷、②僅對 PR 鏡施加熱負荷、③同時對 PR 鏡和加工透鏡施加熱負荷，之後對三種情況下的加工品質進行比較。

圖 2.5①所示爲進行確認時的切割方法。準備好產生加工不良的材料，從其邊緣開始切割，確認切縫寬度。進行確認工作時，請注意要在每次加工之前冷卻一分鐘以上。

① 照射光束後，立即（沒有等待時間）切割。以此切縫寬度作爲標準。

【加工透鏡和 PR 鏡都還處於低溫，沒有發生熱透鏡效應】

② 在發振器的外部光閘關閉的情況下，激振（照射光束）30 秒鐘後，打開外部光閘進行切割。

【僅對 PR 鏡施加熱負荷，加工透鏡處於低溫狀態】

③ 打開光閘激振 30 秒鐘後再進行切割。

【對加工透鏡和 PR 鏡都施加熱負荷的狀態】

對在以上三種情況下加工出的切縫寬度（上部切縫寬度）進行比較。

（1）如果①、②、③全都是相同的縫寬（①＝②＝③），則說明沒有發生熱透鏡效應。

（2）如果①和②是相同的寬度，僅③變寬（①＝②＜③）時，則說明加工透鏡發生了熱透鏡效應。

（3）如果②和③的切縫寬度相對於①來講，所增加的寬度相同（①＜②＝③）時，則說明 PR 鏡發生了熱透鏡效應。

（4）如果切縫是按照①、②、③的順序漸漸變寬(①<②<③)，則說明 PR 鏡和加工透鏡都發生了熱透鏡效應。

通過以上步驟的確認，如果確定發生了熱透鏡效應，則請把焦點位置向負向(下方)調整以便應急。常規做法則是對 PR 鏡和加工透鏡進行清洗，如清洗後切縫寬度仍沒有變化，則說明光學元件需要更換了。

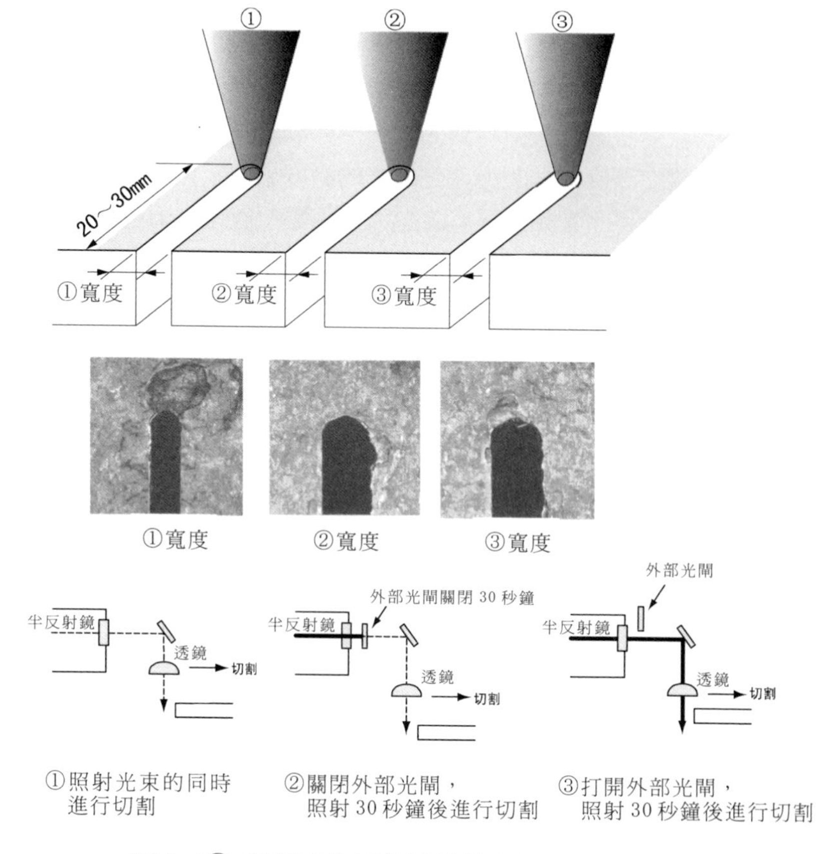

圖 2. 5① 確認產生了熱透鏡效應的位置所在

2. 6 10 英寸透鏡對焦點時的注意事項

【現象】

對焦點就是找出加工透鏡聚焦後的最小光點（焦點）的位置。具體方法是，用氮氣作輔助氣體，邊照射低功率的雷射光束邊找出藍光（產生藍白色的亮光）亮度最高的位置。短焦距透鏡時的藍光亮度鮮明，且發生範圍狹窄，比較容易找到，透鏡的焦距越長，藍光的亮度就越不明顯，且產生的範圍也比較寬，焦點尋找起來比較困難。

【原因】

藍光法就是僅對材料的表層部分照射高能量密度的雷射光束，通過材料在蒸發的瞬間所產生的光的亮度來決定焦點位置的方法。透鏡的焦距越長，光點直徑就會越大，焦點位置或其附近的能量密度就會越低，藍光的亮度也會下降，焦點位置（圖 2. 6①）的尋找就會變得越困難。另外，如果輸出功率的設定是一個提高式設定，則焦點深度會變大，藍光的產生範圍也會變大，也不容易找到精確度很高的焦點位置。

【解決方法】

由於焦距長的透鏡，其焦點位置的光點直徑大、能量密度低，所以在加工條件的設定上需要通過增加輸出功率來進行補償。但是，由於焦點深度會同時變深，也就是說焦點的範圍會變寬，因此焦點位置的精度會變差。

解決方法如圖 2. 6②所示。

① 在加工條件的設定上，要讓平均輸出功率保持低功率，增加每一脈波的功率，也就是說加大脈波的峰值功率、降低脈波頻率。這樣就可以使瞬間的能量密度增加，得到高度更大的藍光。

② 輔助氣體的條件也會影響亮度。找焦點時要盡量使用低壓具能大範圍屏蔽的氣體條件，建議使用大口徑噴嘴。

③ 需要注意找焦點時所用材料的表面狀態。當碳鋼材料的表面有氧化層或油膜時，或是已用來做了多次對焦點的材料時，藍光的亮度將會變得不夠明顯。建議對焦點時使用表面狀態良好的不銹鋼材料來進行。

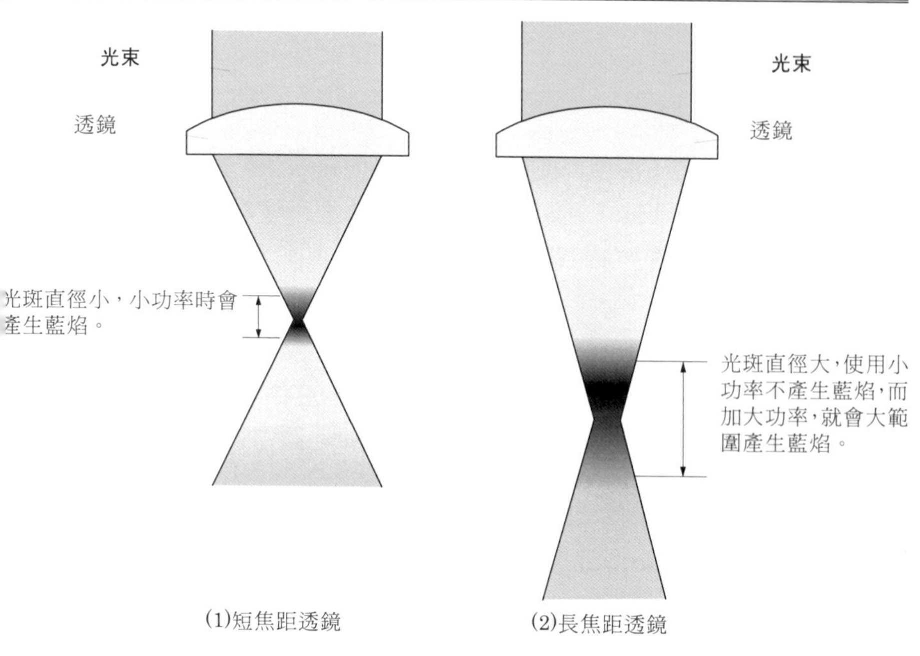

圖 2. 6① 對焦點

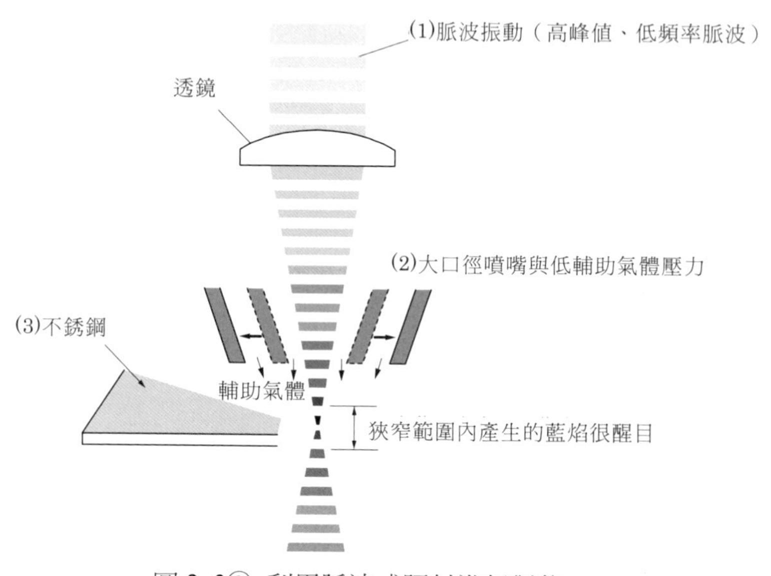

圖 2. 6② 利用脈波式照射進行對焦

2.7 輔助氣流的基本特性

【現象】

輔助氣體（流體）從噴嘴噴出後，周圍的空氣會順勢侵入，氣體濃度會因此而下降，且距噴嘴口越遠，流速和壓力就下降得越多，此現象將直接影響加工性能。

（1）氣體濃度的下降

圖 2.7①顯示了氣體從噴嘴內噴出後，氣體濃度隨著從噴嘴出口的遠離而逐漸下降的情況。這主要是因爲氣體在從噴嘴噴出後，會將周圍的氣體（空氣）捲入，氣體濃度因此而降低。圖中，C_0是指噴嘴內的氣體濃度，C 是指距噴嘴遠近各距離的氣體濃度，圖中的濃度比用 C/C_0 表示。$C/C_0=1$，就意味著氣體濃度水準等同於噴嘴內氣體濃度，僅限於距噴嘴很近的一點點的範圍。燃燒作用在碳鋼的厚板切割中起著主導關鍵，氧氣濃度稍稍降低都會導致切割品質變差，需要特別注意。

（2）氣體壓力的下降

從噴嘴噴出後的氣流將如圖 2.7②所示。氣體在噴出後將會拖動周圍的氣體一起流動，流速在氣流中心爲最大，然後從中心沿半徑方向逐漸變小。氣體從噴嘴噴出後，氣體壓力能夠維持在與噴嘴內同等水準的範圍稱爲潛在核，此潛在核的長度與噴嘴的直徑成正比。在切割不銹鋼的厚板時，需要使用直徑大的噴嘴以加大潛在核的長度，達到防止溶渣的效果。圖 2.7③所示爲對從 1.5mm 直徑噴嘴噴出的輔助氣體壓力進行測量的結果。（a）是對距噴嘴前端 11mm 位置上的垂直方向進行測量的結果。噴嘴內的壓力設爲 0.12MPa，在距噴嘴前端 0.5mm 之內的範圍內，氣體壓力基本保持在 0.1MPa 以上，之後則急劇下降。（b）是對噴嘴下 1mm 位置處的水準方向氣體壓力進行測量的結果。在相當於噴嘴半徑的 0.75mm 範圍內，壓力保持在 0.7MPa，之後，隨著從噴嘴中央的遠離，壓力開始急劇下降。

對於期待氧氣的遮罩效果或期待用氮氣等高壓氣體條件來去除熔融金屬的加工中，需要充分考慮到如上所述的輔助氣體從噴嘴噴出後的特性，以實現最優加工。

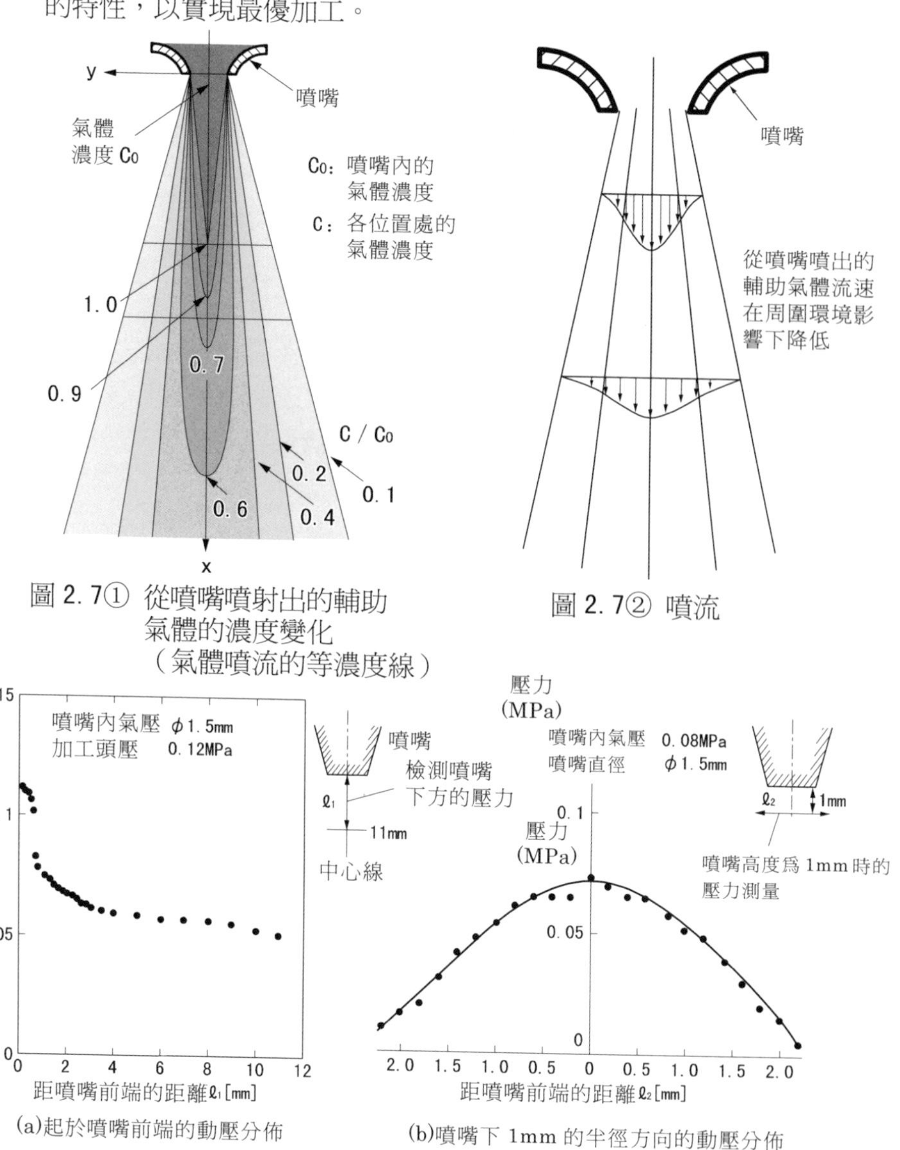

圖 2. 7① 從噴嘴噴射出的輔助氣體的濃度變化（氣體噴流的等濃度線）

圖 2. 7② 噴流

(a)起於噴嘴前端的動壓分佈

(b)噴嘴下 1mm 的半徑方向的動壓分佈

圖 2. 7③ 輔助氣體的壓力分佈

2.8 合適的噴嘴與輔助氣體條件的選擇

有關合適的噴嘴及氣體條件的思考方法。

(1) 高壓氮氣的無氧化切割(圖 2.8①)

【現象】

① 在厚板的無氧化切割中，受輔助氣體條件影響而容易表現出的加工品質問題就是被加工物背面上的溶渣問題。合適的噴嘴需要滿足的條件是：能減少毛邊、減少輔助氣體流量降低運轉成本。

② 在薄板的無氧化切割中，容易受輔助氣體條件的影響而出現的加工品質問題就是在高速切割時會產生等離子體。等離子體的產生因切割方向而異，切割面品質也因此而不均等。如所選用的噴嘴合適，則可抑制此切割面品質偏差的產生。

【原理】

① 在切割中，板材越厚，則把熔融金屬從切縫中排出所需的輔助氣體壓力的動量作用就越重要。

② 在薄板的高速切割中，金屬的熔融溫度很高，很容易產生等離子體。噴嘴下空間對等離子體的產生起著很重要的作用，要抑制等離子體，就需要減小等離子體的產生空間。

(2) 通過氧氣的助燃來促進燃燒的碳鋼切割(圖 2.8①)

【現象】

在碳鋼切割中，厚板、薄板、中厚板的加工原理是完全不同的。充分理解各種加工現象，選擇最合適於加工的噴嘴。

① 在厚板的切割中，如為了提高加工能力而加大輔助氣體的壓力，則很容易引起材料自身的燃燒，使切割面品質明顯變差。切割面品質也受氧氣純度的影響，純度稍有降低就會使粗糙度從切割面的中央部向下部變差。

② 在薄板或中厚板的高速切割中，如向光束照射部分所提供的氧氣過多，則會導致切割面粗糙、尖角被熔掉等現象的發生。

【原理】

① 切割厚板時，需要充分發揮切縫內向縱向的燃燒作用，同時還要盡可能抑制向橫向的燃燒作用，減少熱影響。

② 對薄板、中厚板進行高速切割時，氧氣要儘量提供到接近於需要熔融的範圍內，以限制燃燒的擴展。

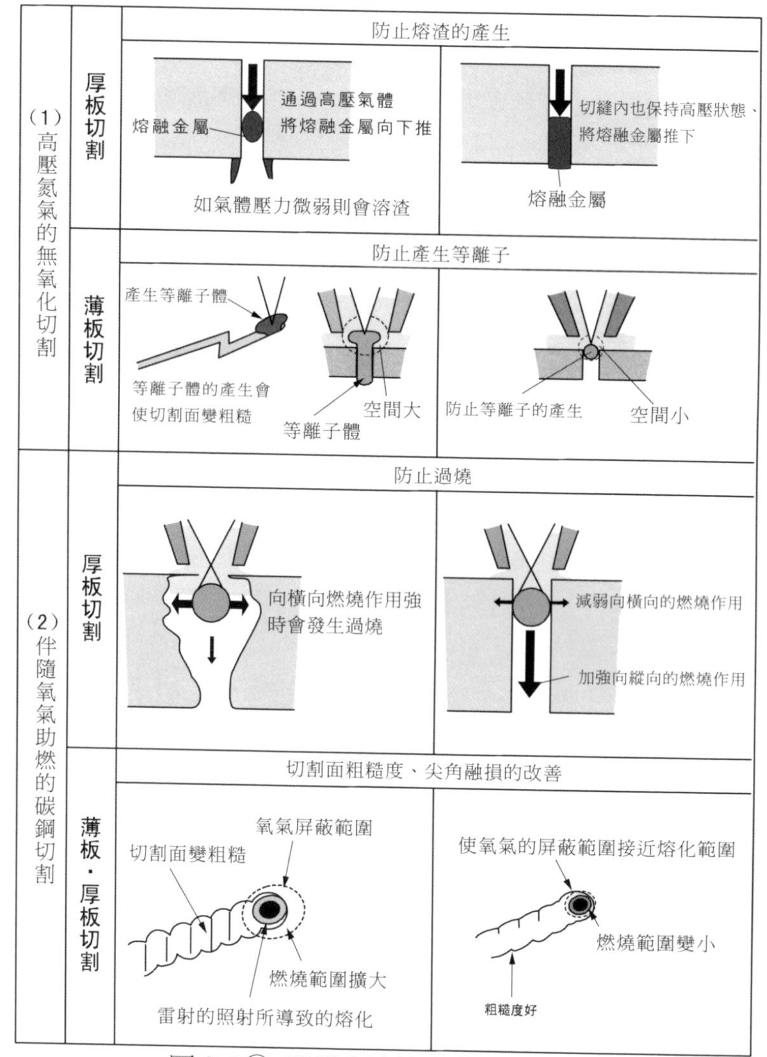

圖 2. 8① 選擇合適的噴嘴與氣體條件

2.9 解決噴嘴溶渣的方法

【現象】

如圖 2.9①所示，如噴嘴上黏著上熔渣，輔助氣體的氣流就會紊亂，從而會導致加工品質的惡化。

【原因】

向金屬材料照射雷射光束時，材料被照射部分的溫度會急劇上升乃至材料蒸發。蒸發壓力會使金屬形成很小的顆粒狀熔渣。特別是穿孔加工，在其加工過程中向上噴出得比較多，熔渣極易黏著在噴嘴上。

【解決方法】

以下將依次介紹防止熔渣黏著的方法、去除熔渣的功能以及減輕熔渣影響的方法。

（1）防止熔渣的黏著（圖 2.9②）

熔渣黏在噴嘴上的現象在電弧焊時發生得比較頻繁，是影響焊接品質的重要原因之一。解決方法就是在噴嘴上塗抹熔渣防止劑，從而在噴嘴的表面形成隔離膜，以此來防止熔渣的黏著。雷射切割時，也通過在噴嘴上塗抹熔渣防止劑來減輕熔渣的黏著，或讓熔渣去除起來更容易。但需要注意的是，如果在噴嘴內側塗抹得過多，就會使噴嘴孔徑發生變化，對加工性能也會產生不良的影響。

（2）去除熔渣的功能（圖 2.9③）

方法就是把刷子安裝在雷射加工機上，當噴嘴上黏著上了熔渣時，加工頭將自動移動到刷子的位置處，對噴嘴進行清潔。噴嘴的清潔時機可以在程式上自由進行設定。對於多層料架系統等連續運轉的設備來說，這個定期清潔功能是必不可少的。

（3）減輕熔渣影響的方法（圖 2.9④）

黏在噴嘴下面的熔渣會導致從噴嘴噴射出的氧氣流內捲入空氣，而降低氣體的純度。噴嘴中有一種雙重噴嘴，就是在中央噴嘴外還有一個同心圓的外層噴嘴。雙重噴嘴的中央噴嘴的周圍也會噴出氧氣，因此即使中央噴嘴周圍黏上了熔渣，也可以通過外層噴嘴起到防止氧氣純度下降的作用。如在碳鋼厚板切割中使用雙重噴嘴，則不但可提高切割面品質，還可起到減少熔渣影響的作用。

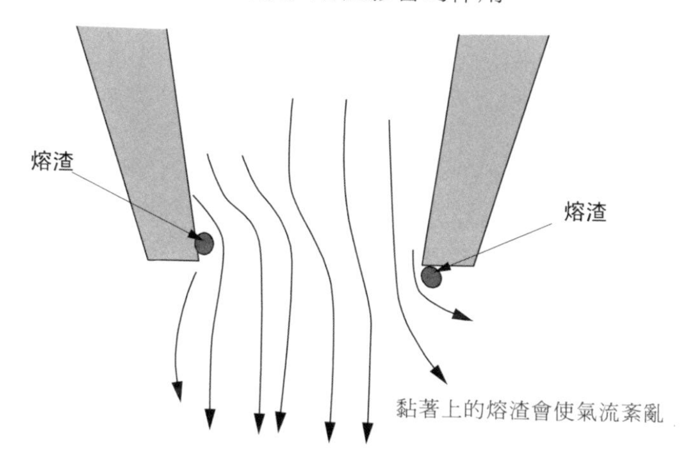

圖 2. 9① 黏在噴嘴上的熔渣

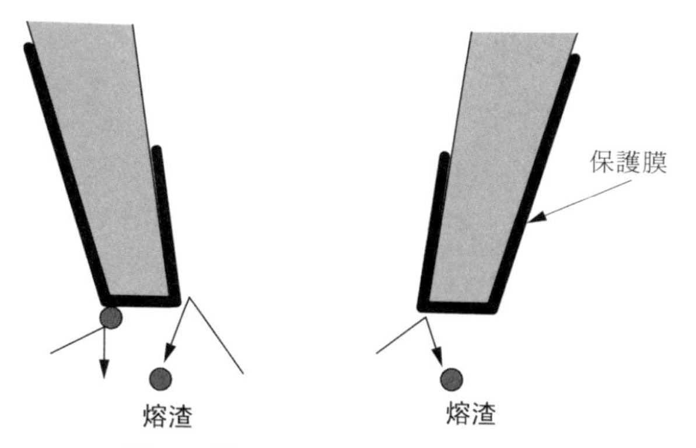

圖 2. 9② 防止熔渣的黏著

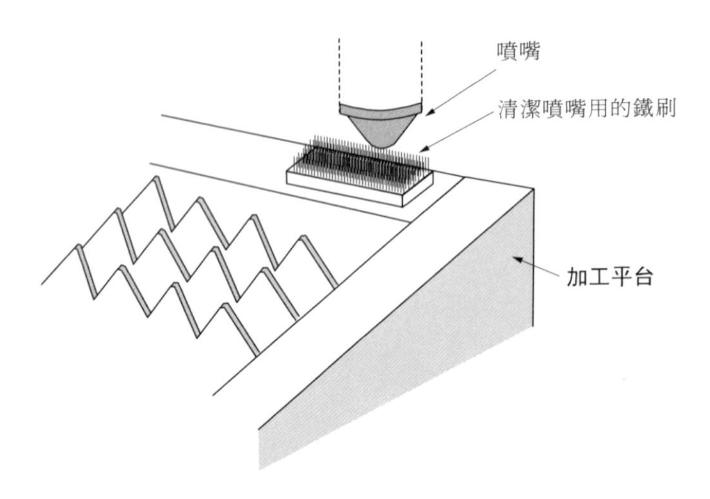

圖 2.9③ 去除熔渣

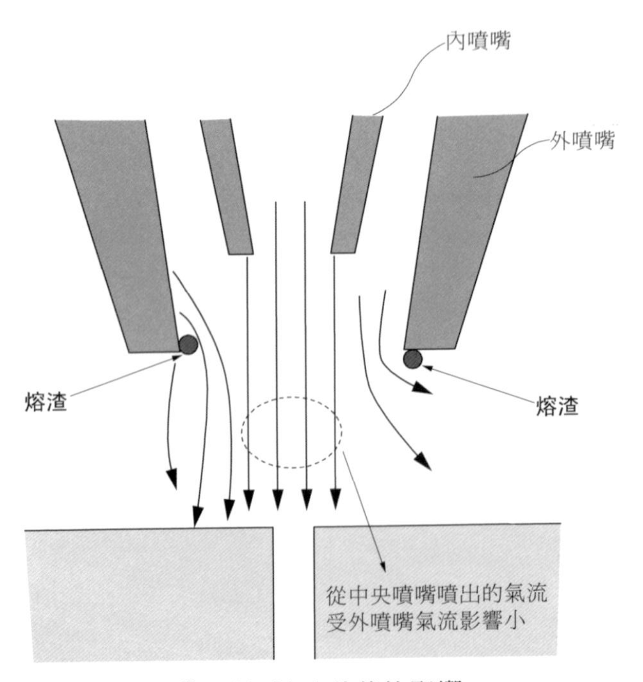

圖 2.9④ 減輕熔渣黏著的影響

第 3 章

碳鋼材料的切割

在各種用雷射切割的材料中應用最多的還是碳鋼材料。碳鋼材料在輔助氧氣的助燃下，非常容易燃燒，而如果燃燒中產生的熱能過多，則切割品質又會變差，尤其是過燒現象，恐怕很多人都曾經歷過。充分理解各種加工現象，有助於對雷射加工機、加工條件及加工材料等各要素進行最優設定。

3.1 穿孔類型與切割原理

【現象】

穿孔類型包括脈波式加工和連續波（CW）加工兩種[1]（如圖 3.1①所示）。穿孔加工現象從照射雷射光束加熱材料表面的過程(a)，到逐漸深入穿孔的過程(b)～(d)，直到最後穿透的過程(e)，是一個連續而不間斷的過程。使用 CW 條件時，要把焦點位置設置在材料表面的上方(Z＞0)，擴大加工孔徑，然後再讓焦點位置隨著穿孔加工的深入而向下方移最終完成穿孔加工。而使用脈波條件時，可起到抑制熱輸入，實現小孔加工的效果。

【原理】

（1）用脈波條件穿孔

當碳鋼材料的板厚在 9mm 以上時，用脈波條件穿孔的話，加工時間會急劇增加，但穿出的小孔直徑則僅約爲 0.4mm，比切縫要窄，並且熱影響也較少。圖 3.1②是讓雷射在穿孔的中途停止照射時的形貌，是用來檢查穿孔進展狀況。

脈波穿孔是通過雷射的照射、停止照射的不斷反復，來熔化（蒸發）材料、排出熔融物及進行冷卻，並由此而使穿孔漸進深入。熔化和排出的任何一方在時間上出現偏差，都會導致熔融金屬向上逆噴，或穿孔時間變長。頻率在 100～200Hz 範圍內時，脈波峰值功率設定得越高，穿出的孔品質就會越好。如果用更高的頻率，則只有熔融能力會變高，熔融金屬的排出和冷卻效果都會降低。

（2）用 CW 條件穿孔

用 CW 條件穿孔時，將會發生大量熔融金屬向上噴的現象，而當熔融金屬不能從上面極小的孔徑中排出時就會發生過燒。CW 穿孔的弊端是會有大量熔融金屬噴到被加工物的表面，但 CW 穿孔卻可以大幅縮短加工時間。圖 3.1③是分別使用不同直徑的噴嘴用 CW 輸出對 12mm 厚的 SS400 材料進行穿孔後，材料的表面及背面的照片。噴嘴的直徑相當於向穿孔部噴射氧氣的範圍。噴嘴的直徑越大，穿出的孔的直徑也就越大。

(3) 其他

一般條件下，穿孔條件是通過邊觀察脈波條件或 CW 條件下的穿孔進展狀況（或兩種條件下的狀況）邊進行調整的。最爲理想的穿孔效果是：孔徑小，所需時間短。

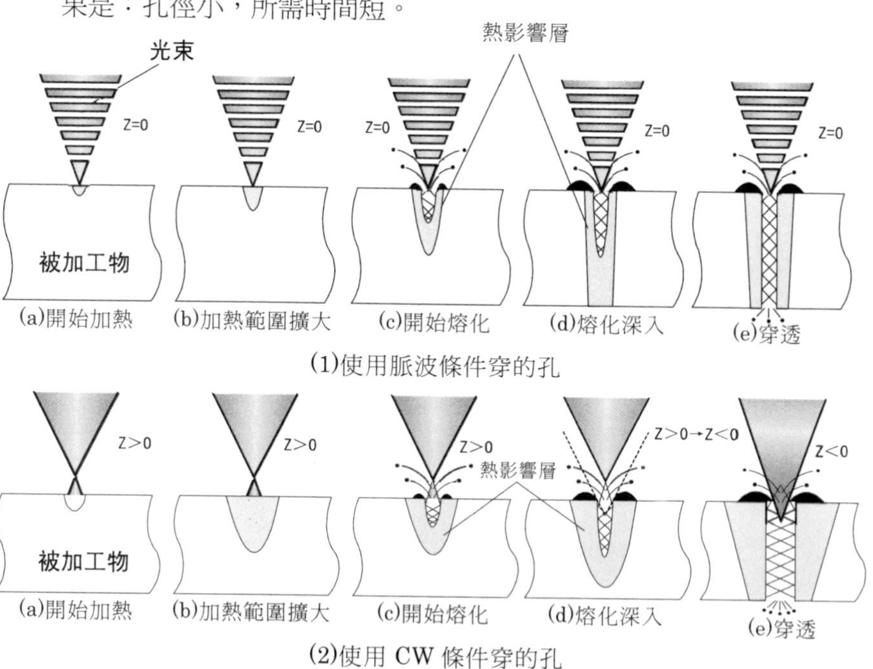

圖 3.1① 穿孔的原理

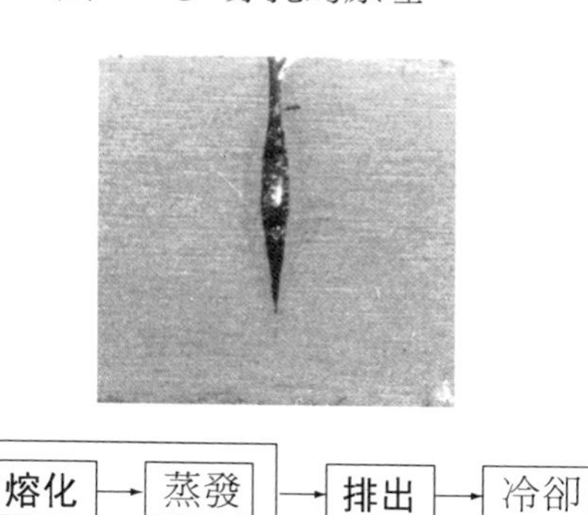

圖 3.1② 脈波條件穿孔的深入狀態

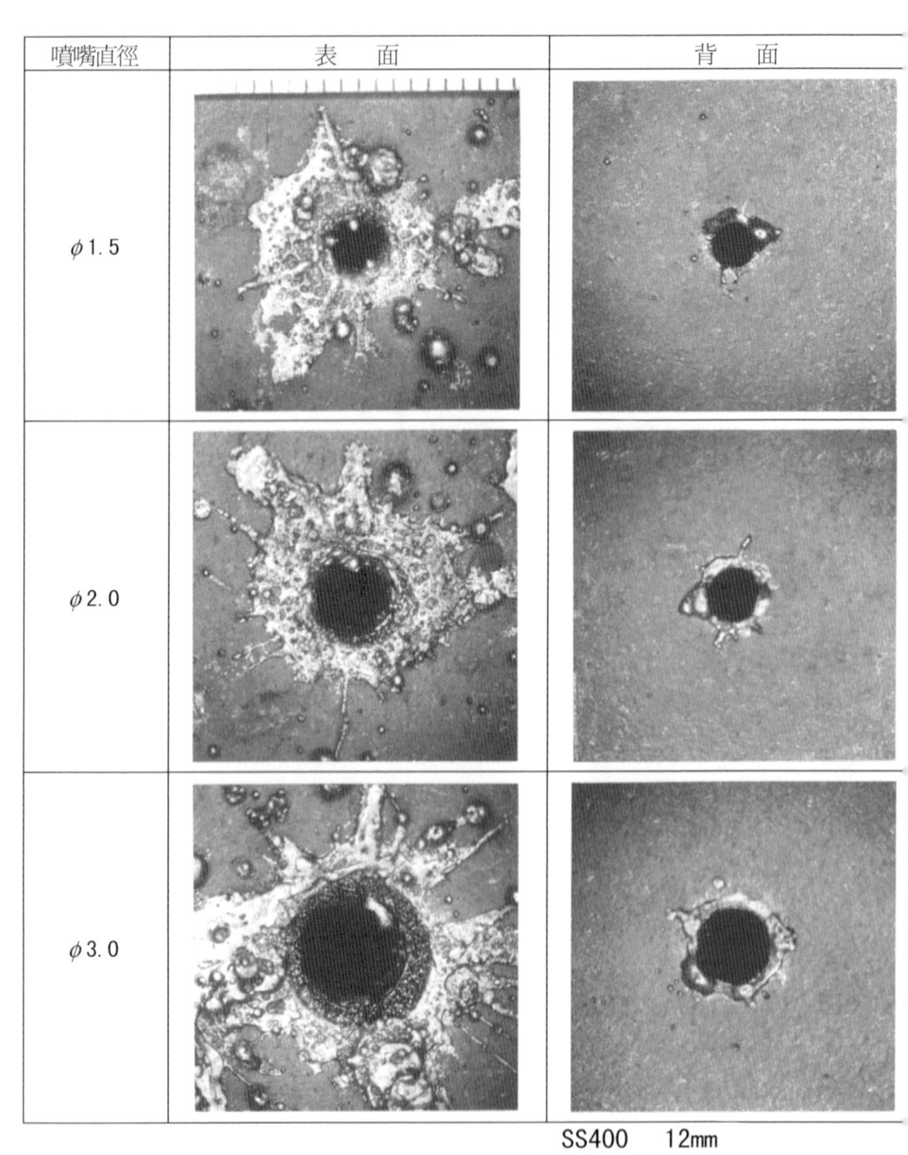

噴嘴直徑	表　面	背　面
ϕ1.5		
ϕ2.0		
ϕ3.0		

SS400　12mm
2,000W　F5,000　0.15MPa

圖 3.1③ 使用 CW 條件穿孔

3.2 縮短穿孔時間的方法

【現象】

穿孔的類型不同，縮短時間的方法也不相同。

(1) 脈波條件穿孔

在使用脈波條件進行穿孔時，雷射照射爲脈波式，此時只有雷射照射時的熔融、蒸發與停止時的冷卻搭配得好，才能獲得良好效果。而如果只偏重於提高熔融和蒸發作用，則很容易引起過燒；而如果僅增強冷卻作用，則穿孔時間又會變長。

(2) CW 條件穿孔

CW 穿孔時會引發一種過燒現象。CW 穿孔的優點是可以縮短穿孔時間，但隨著板厚的增加，熔融範圍將會不斷擴大，從而影響加工品質。

(3) 根據穿孔的進展狀況來調整條件

在穿孔加工中，當雷射光束的照射量過大或過小時，請邊觀察加工現象，邊調節條件，直到將條件調整到最優爲止。

【原因與對策】

(1) 脈波模式穿孔

要提高熔融能力和冷卻能力，就需要在短時間內照射大量的能量，並能同時確保照射後的冷卻時間。如圖 3.2①和圖 3.2②所示，高峰值的矩形脈波波形的脈波式照射是最爲理想的。熔化所需能量以強度 E 與照射時間 T 的乘積來表示。三角波與矩形波脈波相比，三角波脈波要得到同等的能量，所需照射時間爲矩形波脈波時的 2 倍，結果就是輸入到被加工物內的熱量增加，容易引起過燒。圖 3.2③所示爲在 6mm 厚 SS400 材料切割中所表現出來的脈波峰值功率與脈波平均功率效果，脈波峰值功率越高，穿孔的時間就會越短。

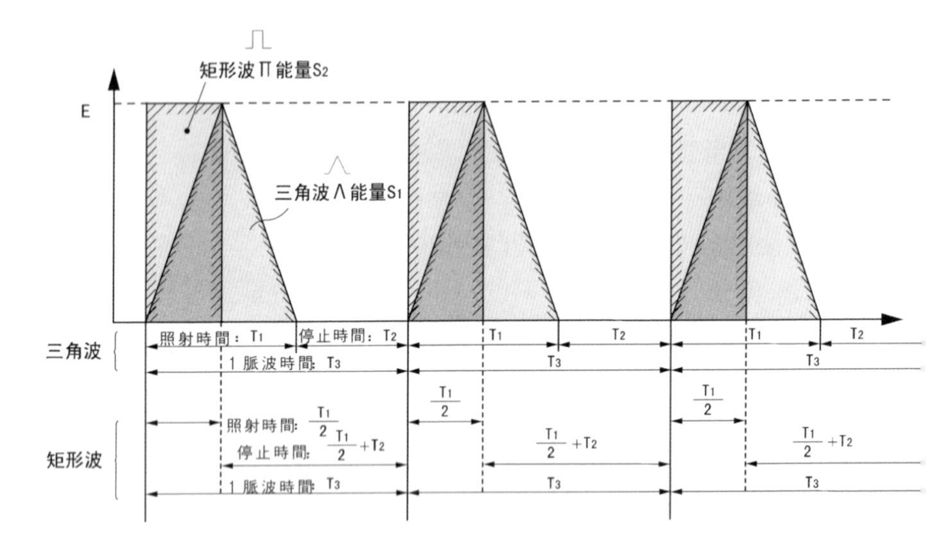

・$S_1 = T_1 \times E \times \frac{1}{2}$ $S_2 = \frac{T_1}{2} \times E$，S1 與 S2 是相等的。

・矩形波的停止照射時間比三角波要長 $\frac{T_1}{2}$，可提高冷卻冷力。

圖 3.2① 矩形波脈波與三角波脈波的不同

（2）CW 模式穿孔

板厚超過 12mm 時， 噴嘴要儘量選擇小口徑的。在重視切割面品質的厚板切割中，則需要對穿孔用噴嘴與切割用噴嘴分別進行選擇。

（3）根據穿孔的進展情況來調整條件

調整條件時，可通過感測器來觀察穿孔部份熔融狀態的輝度來進行，當熔融範圍有擴大傾向時，就降低雷射的強度，反之，當熔融作用下降時就加強雷射的強度，最終達到小孔徑高速穿孔的目的。

對 SS400 9mm 的穿孔

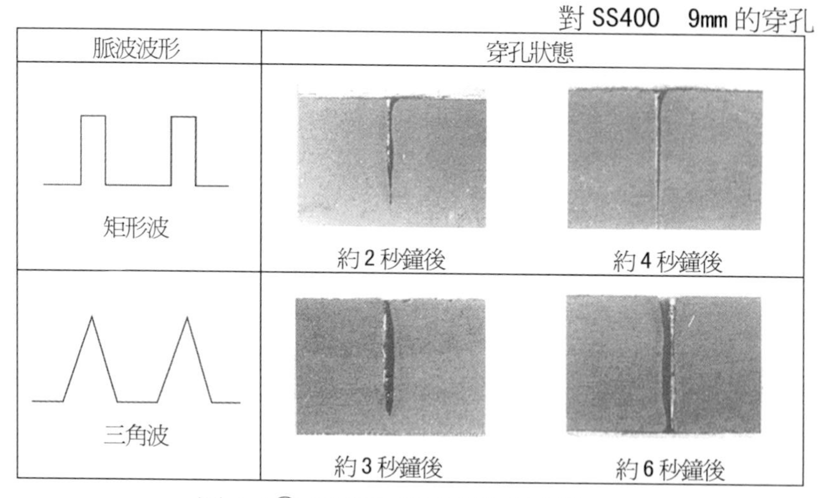

圖 3. 2② 脈波波形對穿孔的影響

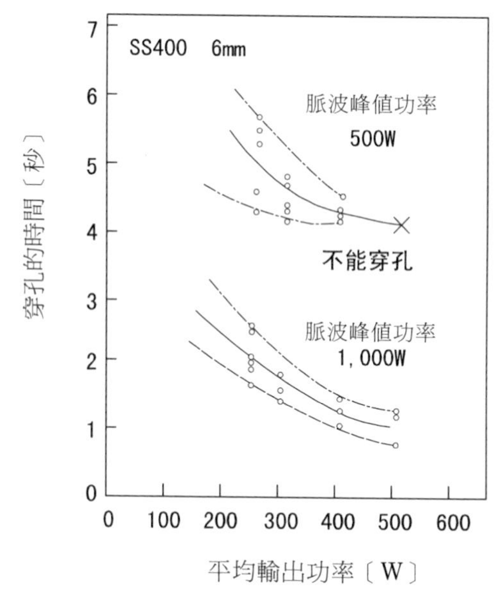

圖 3. 2③ 脈波峰值功率與穿孔時間的關係

3.3 解決穿孔缺陷的方法

【現象】

造成穿孔缺陷的主要因素包括：發生的瞬間、發生的位置、發生的時間及其材料本身因素。請參照表 3.3①來對主要因素進行分析。

【原因與對策】

（1）產生缺陷的瞬間

需要確認缺陷是在何時產生的。看是發生在穿孔的中途還是在穿孔過後剛剛開始切割時。如果是產生在穿孔的中途，則要看是產生在剛剛開始穿孔時，還是產生在向其他條件的切換時，然後再根據情況進行相應的調整。如果缺陷是產生在穿孔就要結束時，則原因就在於條件在孔還未被穿透時就由穿孔條件變成了切割條件，此時需要延長穿孔時間；而如果是出現在剛剛開始切割時，則是由於穿孔部周圍的堆積物致使切割變得不穩定，此時需要在開始切割處設置脈波條件。

（2）產生加工缺陷的位置

如果穿孔缺陷集中在加工平臺上的某一特定位置，則可能是因爲雷射和噴嘴的中心出現了偏離，需要進行調整。

穿孔位置密集或穿孔位置位於切割線附近時，穿孔處很容易處於高溫。圖 3.3①所示爲在將材料溫度從常溫升高到 200℃時各溫度下的加工結果，加工材料使用的是 12mm 厚 SS400 材料。資料是在各溫度下穿孔 50 次的基礎上得到的過燒比率。可以看出，加工缺陷隨溫度的升高而在增加。要減少加工缺陷就需要儘量在材料的冷卻狀態下進行加工，並且需要對加工路線進行最優設計。

（3）缺陷產生的時間

如果加工缺陷是隨著加工時間的推移而增多，則再觀察增加冷卻時間後是否能恢復，恢復時就說明是發生了光學元件的熱透鏡效應，此時需要對光學元件實施保養，而如果是增加冷卻時間也不能恢復，則可能是因爲發振器出現了故障導致輸出功率產生變動而致，此時請與售後服務部門聯繫。

表 3.3① 穿孔不良的要素分析

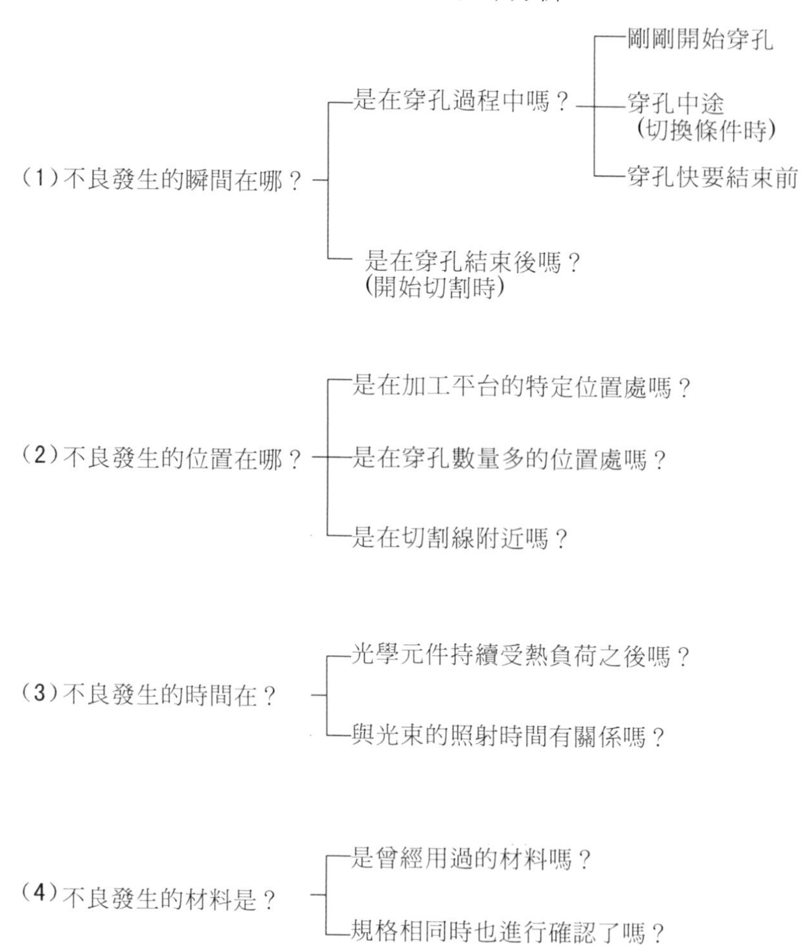

(4) 產生加工缺陷的材料

判斷缺陷產生的原因是否來自材料時，關鍵就是要查看該材料是否有使用經驗。如果曾經使用過，則不需要再對加工條件進行調整，因爲很可能此時加工機或光學元件出現了故障。

圖 3.3②所示爲對各廠商生產的 16mm 厚 SS400 材料進行穿孔時的貫通所用時間。如果材質發生了變化，則需要在連續加工前對穿孔時間進行確認，或者對整個加工時間進行稍長設定。

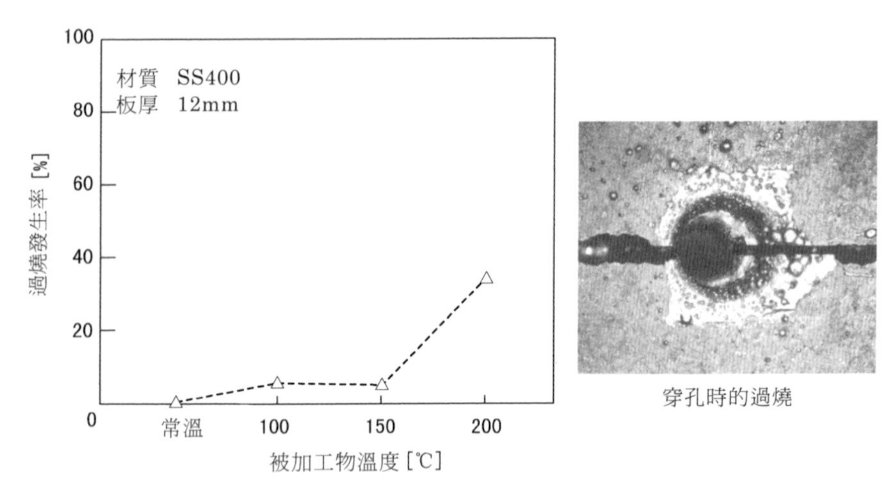

圖 3. 3① 被加工物溫度與穿孔不良的關係

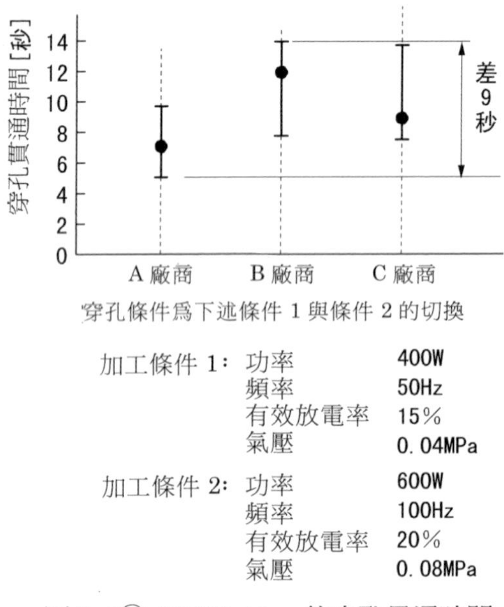

圖 3. 3② SS400 16mm 的穿孔貫通時間

3. 4 解決加工 12 毫米厚 25 毫米見方形狀時頻繁發生過燒的方法

【現象】

切割碳鋼材料時，如果加工形狀中存在尖角，則很容易發生尖角部的熔損或過燒。切割速度會隨著加工板厚的增加而下降，且切割中所產生的熱量會不斷在材料內積蓄，導致材料溫度升高，使得尖角部熔損或過燒現象頻繁發生。

【原因】

良好的切割將如圖 3. 4①所示，雷射照射所產生的熱能及因氧化燃燒而產生的熱能都被有效擴散到加工材料中，加工材料又能得到有效的冷卻。如果冷卻得不充分，就會發生過燒。當加工形狀中存在尖角時，尖角部份體積較小一側的散熱面積也比較窄小，材料溫度容易上升，極易引起過燒。另外，在穿孔時，由於孔內壁也吸收雷射，溫度不斷在極小的空間內急劇上升，也是很容易發生過燒的。

【解決方法】

① 進行小尺寸形狀的多數取加工時，熱量將會隨著加工的進展而不斷積蓄，加工到後半部份時會很容易發生過燒。如圖 3. 4②所示，解決方法就是儘量要讓加工路線分散開來，避免在一個方向上持續，從而使熱量能得到有效的擴散。加工路線需要根據實際加工形狀進行優化。

② 如圖 3. 4③所示，如果過燒集中發生於尖角部，則可以通過把加工形狀中的尖角部改爲小圓角 R，來有效防止熱能的集中。R 的數値越大，防止作用就會越有效。加工板厚增加，R 値也需要相應加大。

③ 尖角部之所以會隨著加工中溫度的上升而出現熔損，是因爲當光束通過加工部位時，加工部位已處高溫而致（如圖 3. 4④所示）。如果雷射的前進速度快於熱傳導速度，則切割加工就可以在材料還未被加熱時完成，可有效防止熔損的發生。

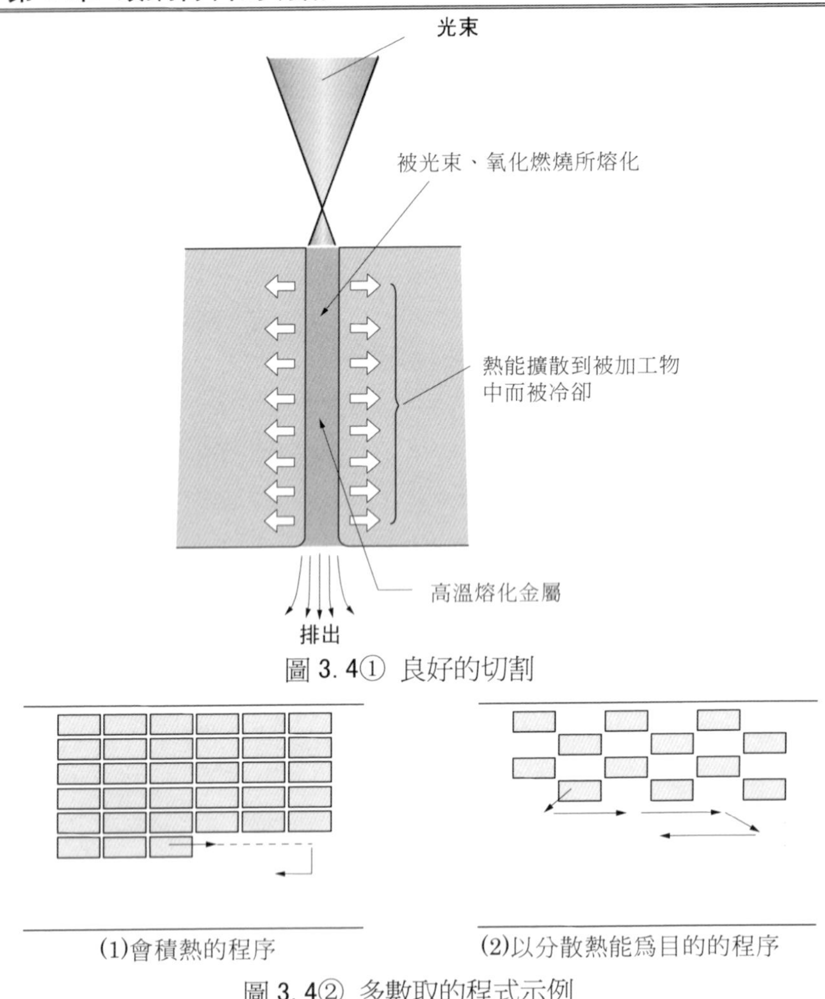

圖 3. 4① 良好的切割

圖 3. 4② 多數取的程式示例

一般情況下，發生熔損時的溫度傳導速度約爲 2m／min，如果加工條件中的切割速度大於 2m／min， 則基本上不會發生熔損。這也是碳鋼材料板厚在 6mm 以下時，尖角部熔損發生得比較少的原因。9mm 厚以上碳鋼材料要獲得同樣的效果，就要使用輸出功率在 4kW 以上的加工條件，這就需要使用高輸出功率的發振器。

④ 如果輔助氣體使用氮氣或空氣，則將不會產生氧化燃燒反應，基本上也不會發生熔損或過燒。

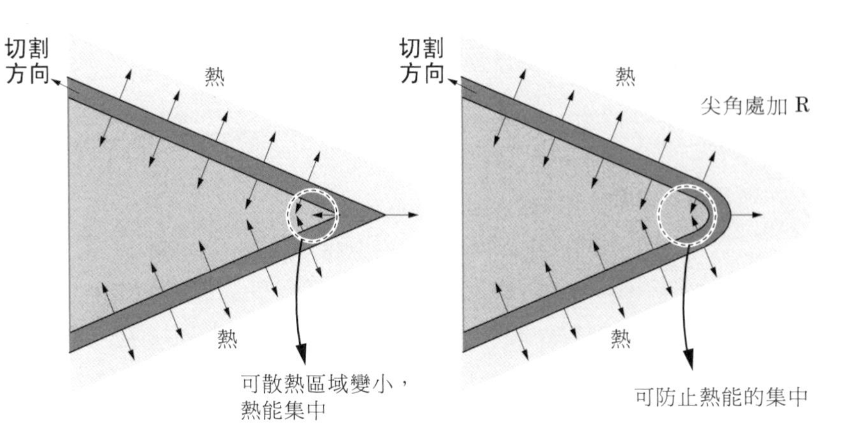

圖 3. 4③ 防止尖角處熱能的集中

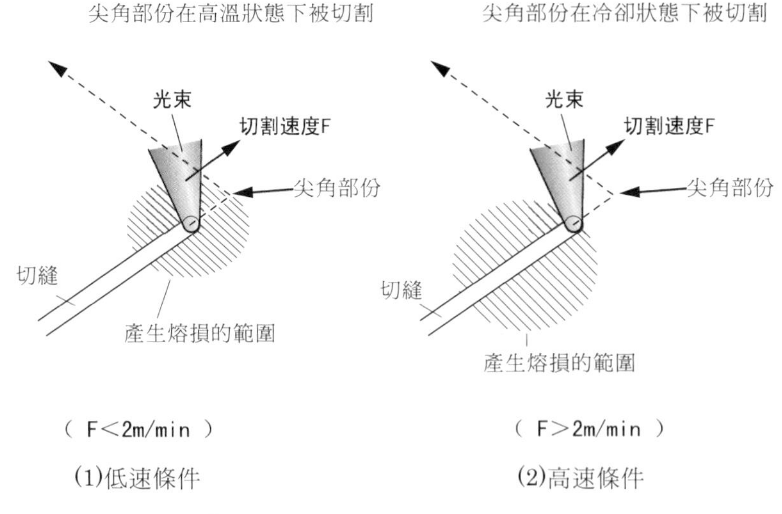

圖 3. 4④ 熱傳遞的速度與切割的關係

3.5 查找 16 毫米厚板產生過燒的原因：被加工物原因

【現象】

在查明顏色因熱能失控而造成過燒的原因時，需要把加工現象按工序進行分解，從每個工序中來查找原因所在。

雷射切割現象的流程如圖 3.5①所示：①向材料表面照射雷射、②雷射被吸收產生熔化、③產生熔化的部份因輔助氣體的助燃而燃燒、④燃燒進一步向板厚方向擴大、⑤熔融金屬被從切縫中排出，這些過程不斷反復，最終達到切割目的。

過燒產生的原因來自加工機時，將會表現在①、③工序，來自被加工物時將會表現在②、④、⑤工序。

【原因與對策】

(1) 原因來自於對雷射的吸收時

此時會造成雷射切割工序②的不穩定，並因此而導致過燒。如果材料表面氧化皮(黑皮)的緊貼性不好，或氧化膜的厚度不均勻，則材料對雷射的吸收就會不均勻，所產生的熱也不穩定。圖 3.5②是分別對同一材料的上、下面照射雷射進行加工時的切割面對比，可以看出材料表面氧化皮的狀況影響著切割面品質。放置材料時一定要對材料的表面狀況仔細進行查看，要把氧化皮狀態好的一面朝上放置。

對於那些正反面不能任意進行設置的板材，可以利用二次切割法來進行加工。即先利用雷射的能量把不均勻的材料表面加工均勻後，再正式進行切割。具體就是：先將雷射的能量密度降低到僅能使材料表面熔化的程度，沿著切割形狀的軌跡將材料表面熔化，此時熔化的寬度要略大於切縫的寬度，接下來再將條件切換爲切割條件進行切割加工。圖 3.5③是分別以一次切割法和二次切割法進行切割的樣品比較。可以看出，二次切割法切割出的切割面品質基本與表面狀況良好材料的切割面品質沒有差別。

(2) 原因來自於向板厚的方向燃燒或熔融金屬的排出時

該原因是導致雷射切割中工序④和⑤不穩定的因素。

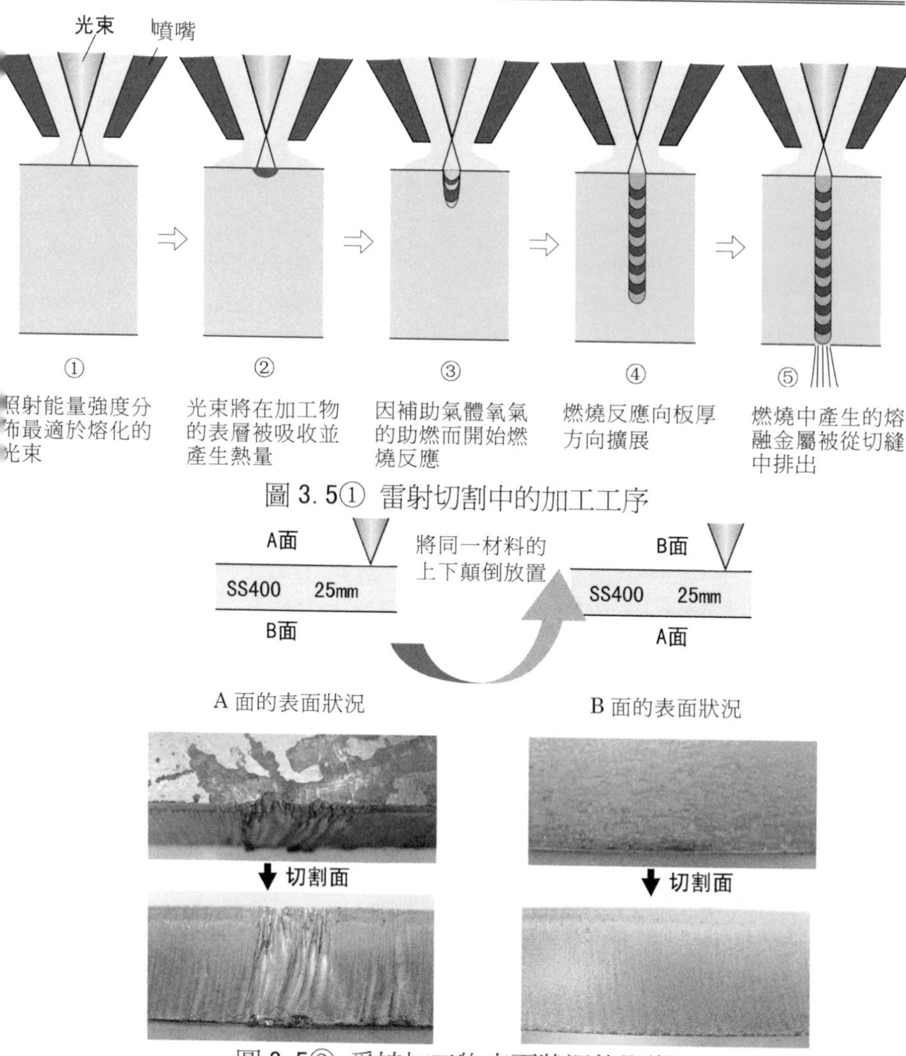

圖 3. 5① 雷射切割中的加工工序

圖 3. 5② 受被加工物表面狀況的影響

如果材料的內含成份不同，則燃燒反應熱的作用或熔融金屬的流動狀態都將產生變化。日本國內廠商製造的材料在加工性能上沒有太大的差別，但海外廠商的材料則在加工性能上差距比較大。圖 3. 5④所示爲用同一輸出功率和切割速度條件對 16mm 厚碳鋼材料進行切割的對比。如果使用的是含 Si 或 Mn 較多的日本國外廠商的材料，則需要在設定條件時特別注意焦點位置及輔助氣體壓力的設定。

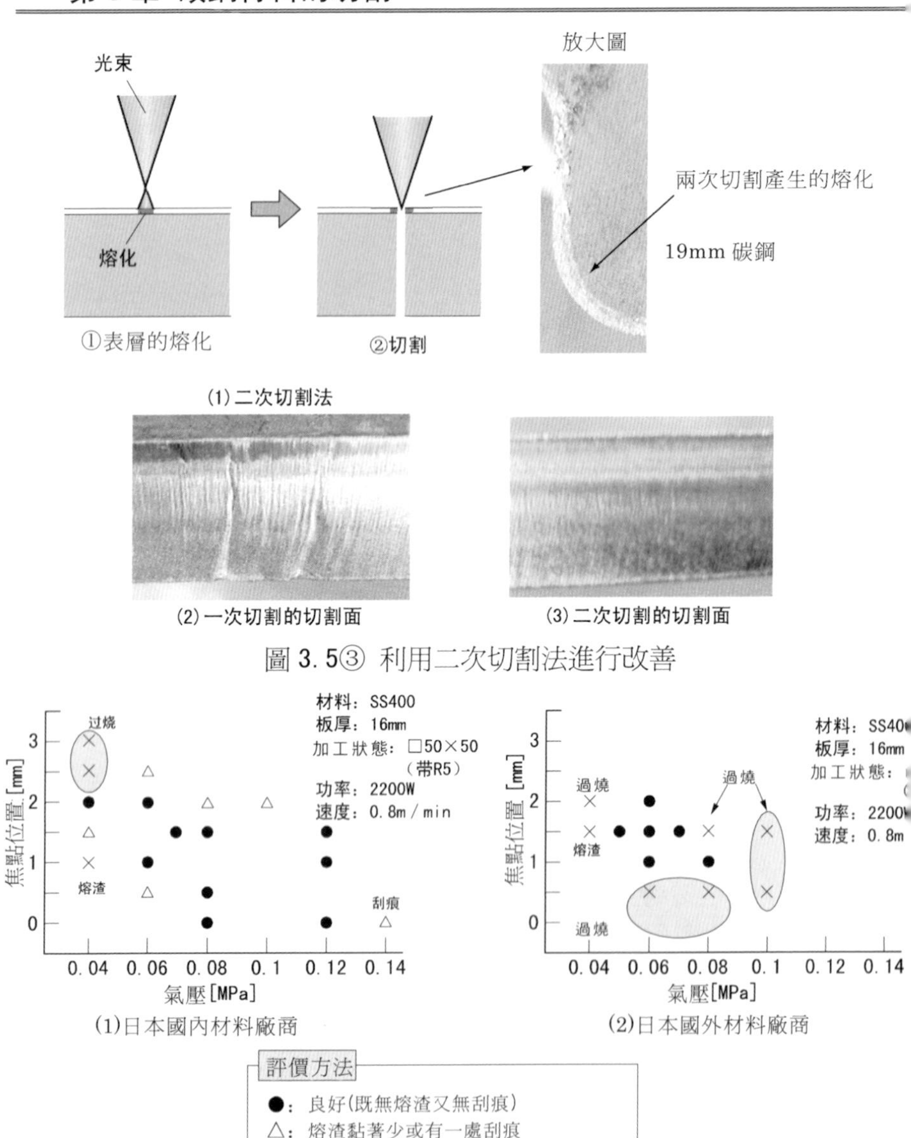

圖 3.5③ 利用二次切割法進行改善

評價方法

●：良好(既無熔渣又無刮痕)
△：熔渣黏著少或有一處刮痕
×：熔渣黏著多或有兩處以上的刮痕或過燒

圖 3.5④ 碳鋼厚板切割中的焦點位置與氣壓的關係

3.6 查找 16 毫米厚板產生過燒的原因:加工機原因

【原因與對策】

(1) 輔助氣體原因(圖 3.6①)

① 如果氧氣沒有均勻地噴射到熔融金屬的周圍，則燃燒能力、熔融金屬的流動都會不均衡，極易因不同的切割方向而發生過燒。雷射的偏孔、噴嘴出口處的變形、熔渣等都會造成輔助氣流的紊亂，首先需要檢查噴嘴狀況。

② 所有的切割面品質都不好時，則可能是因氧氣罐中的氣體純度低而致，此時切割面的下部會變粗糙並熔渣。板材越厚，加工品質就越容易受輔助氣體純度影響。查找原因時，請使用曾經實際確認無誤的氣罐。

(2) 雷射原因(圖 3.6②)

① 當切割中出現方向性時，很可能就是光束的圓整度或強度分佈存在問題。雷射的強度會直接轉化爲對金屬的熔融能力， 如果光束的圓整度或強度分佈存在問題，則燃燒能力將會隨著切割方向的改變而出現差異，容易造成過燒，此時需要確認光束模式的形狀。

② 當切割面品質全面欠佳時，其原因就在於透鏡的聚焦不徹底。需要熔化的地方要儘量高溫，不需熔化的地方要儘量低溫。如果在此溫度邊界出現高低不明確的能量就會產生過燒。聚焦不徹底的原因在於透鏡、PR 鏡的異常或光路、折射鏡的異常。

(3) 其他原因(圖 3.6③)

① 如果加工品質隨著加工的進展而逐漸變差，則可能是由於加工中的熱量積蓄在材料中，材料溫度的上升引起了過燒。此時需要將加工路線設置爲熱量不會過於集中的分散型路線。

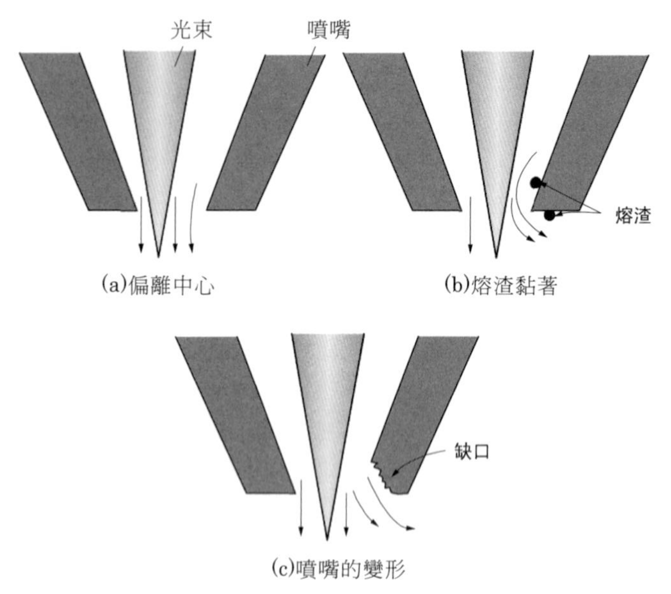

(a)偏離中心　(b)熔渣黏著

(c)噴嘴的變形

①方向性的產生（根據方向，有的方向產生而有的方向不產生）

圖 3. 6① 輔助氣體要素

② 如果質量是從較長加工路線的後半段開始變差，則原因就在於透鏡或 PR 鏡等的污漬吸收了雷射，從而引起了熱透鏡效應而致。此時需要清洗透鏡或 PR 鏡等光學元件。如仍得不到改善，則說明光學元件需要更換了。

③ 如果加工缺陷是產生在加工平臺內的某一特定區域，則原因將在於光路出現了偏離。此時噴嘴中心與雷射中心會隨著加工位置的移動而發生偏離，並因此而導致過燒。此時對光路進行調整。

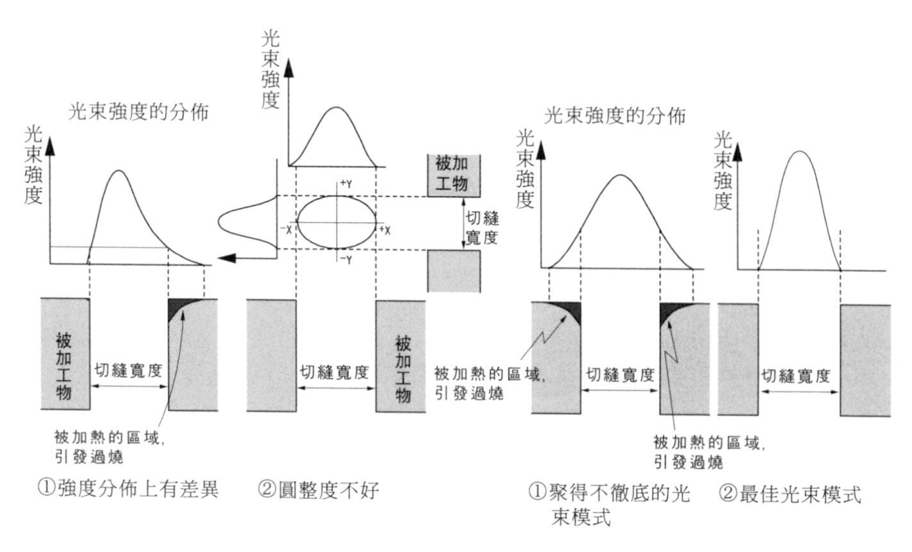

圖 3. 6② 雷射光束的要素

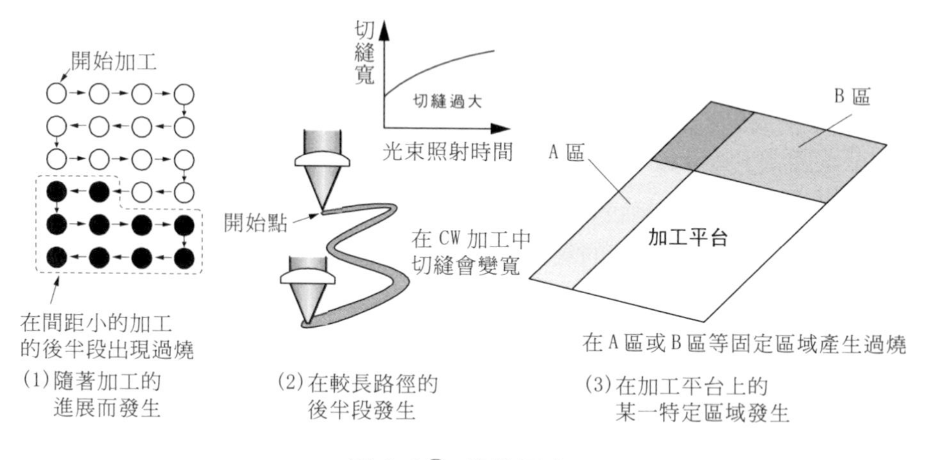

圖 3. 6③ 其他要素

3.7 解決 19 毫米厚板在加工中產生過燒的方法

【現象】

有關過燒的解決方法在其他章節也有論述，本章節內主要是針對“19mm 厚碳鋼從中途開始產生過燒”的解決方法進行論述。“從中途開始”是指之前的切割一直良好，但卻(1)從一個形狀的加工中途開始產生過燒，或(2)在多數取的連續加工的中途產生過燒（圖 3.7①）。

【原因】

(1)如果過燒是產生在一個形狀的加工中途，則其原因就是在於發生了熱透鏡效應。(2)如果過燒是產生在多數取的連續加工的中途，則根據過燒產生的位置或形態，可將發生原因分爲加工機方原因與被加工物方原因來分別對待。

【解決方法】

（1）過燒產生在一個形狀的加工中途時

如果是表現爲切割面品質在加工中逐漸變差，毛邊量逐漸增多，甚至發生過燒，則原因就在於透鏡或 PR 鏡等的污漬部份，在加工中吸收了雷射，產生了熱透鏡效應而致。請清洗透鏡或 PR 鏡，洗掉污漬。如仍不能得到改善，則請更換上新的鏡片。

（2）過燒產生在多數取的連續加工的中途時

① 隨著加工的進展而逐漸變差

當加工中所產生的熱能在材料中積蓄而使材料溫度升得過高，則過燒將會頻繁發生。請選擇熱能不會過於集中，易於散熱的加工路線。

② 不照射光束時暫時恢復，連續加工時又變差

這種情況時，一般就是由於透鏡或 PR 鏡等的污漬部份吸收了雷射，引起了熱透鏡效應而致。此時請清洗透鏡或 PR 鏡，如仍得不到改善，則請更換上新的鏡片。

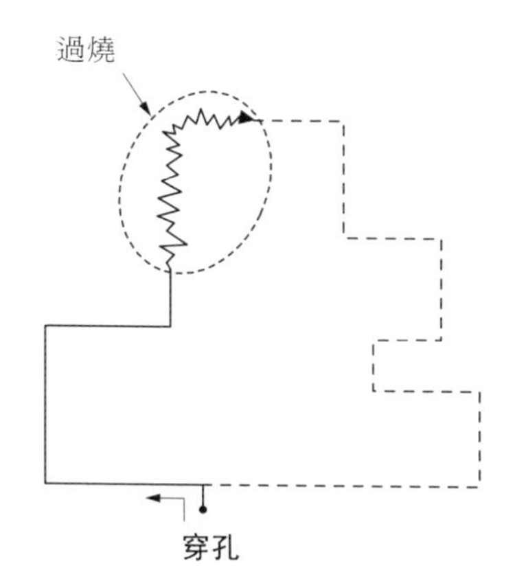

(1)在加工中途產生的過燒

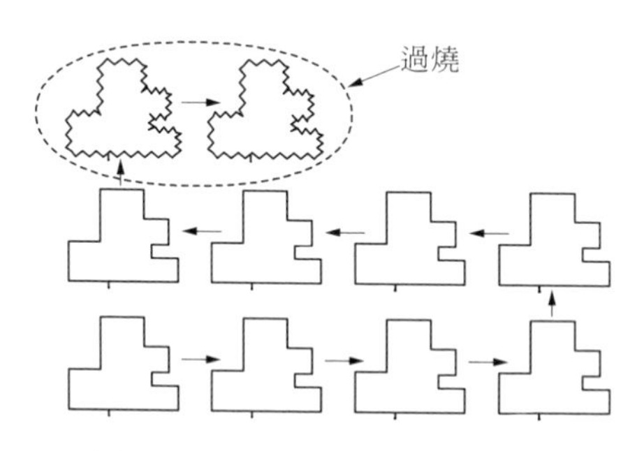

(2)在多數取的中途產生的過燒

圖 3. 7① “”中途”開始產生過燒” 的類型

③ 發生在加工範圍內的某一特定位置處

此現象多發生在動光式的加工機上。當光路出現偏離時，噴嘴中心與雷射中心會隨著加工位置的變化而發生偏離，極易造成過燒。此時就需要對光路進行調整。

④ 其他

被加工物是否能均勻吸收雷射將受材料表面的狀況影響。請檢查材料表面的鐵銹及氧化皮狀況。

3.8 解決 9 毫米厚板在穿孔時產生過燒的方法

【現象】

在碳鋼厚板雷射切割的穿孔加工中，由於照射時間長且照射範圍集中，很容易產生過燒。過燒產生的時機在(1)將孔穿透的過程中，(2)穿孔過後剛剛開始切割時（如圖 3.8①所示）。另外，穿孔又存在用小功率的脈波模式穿較小的孔，或用大功率的 CW 模式穿較大孔的兩種情況。用 CW 模式穿孔時，因爲其自身就是一種過燒現象，所以不存在上述(1)的現象，而只存在(2)的現象。

【原因】

如圖 3.8②所示，穿孔是一種在加工材料的表面照射雷射，並一點點地把熔融金屬挖到材料表面的現象。如果將輸出功率設爲高功率來加快熔融的速度，則穿孔表面的小孔將來不及把熔融金屬都排出來，熱量也將積蓄在材料裏。另外，如圖 3.8③所示，當孔的直徑在 0.3～0.5mm 範圍內時，孔壁是極易吸收雷射的，小孔周圍的溫度會很高，而且板材越厚，吸收雷射的內壁深度就會越大，孔周圍的溫度也就升得越高。

穿 0.3～0.5mm 孔徑的孔時，切縫寬度將是 0.5～0.8mm 左右。在穿孔後馬上開始切割部份的切縫形成過程中，熔融金屬急速增加，小孔空間內不能完全容下，從而出現逆噴現象。

【解決方法】

如果材料是從未使用過的材料，則過燒產生的原因也有可能是來源於材料本身，此時請以切割條件的制作開始進行改善。如果是過去曾經用過的材料，則請按以下步驟進行檢查，並根據情況採取相應的措施。

（1）在穿孔過程中熔融突然加快

① 檢查輸出功率、焦點位置、輔助氣體壓力等的數值是否得當。

② 檢查加工條件是否在孔被穿透之前就切換成了切割條件。

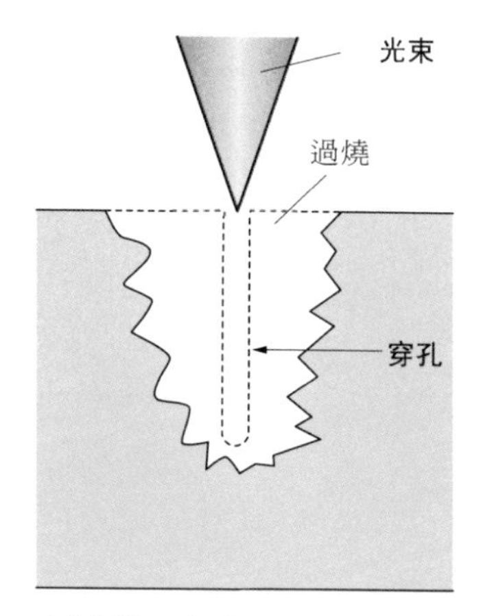

(1)在將孔穿透的過程中發生

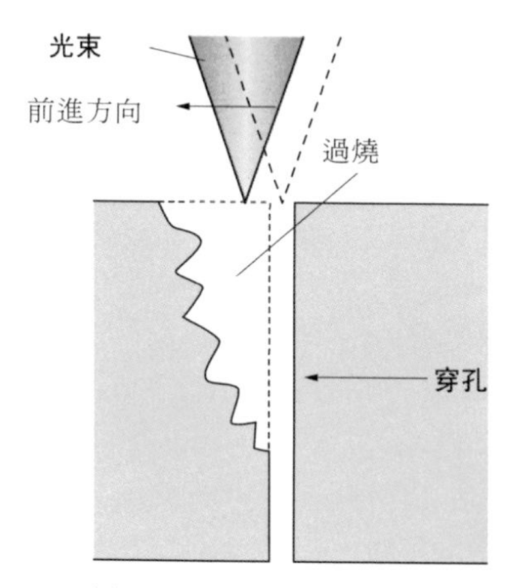

(2)在穿孔後開始切割時發生

圖 3.8① 穿孔時產生的過燒

（2）開始切割部份沒有形成穩定的切縫寬度

① 檢查開始切割部份的速度條件是否得當。

② 檢查孔周圍堆積的熔融金屬是否在容許範圍內。

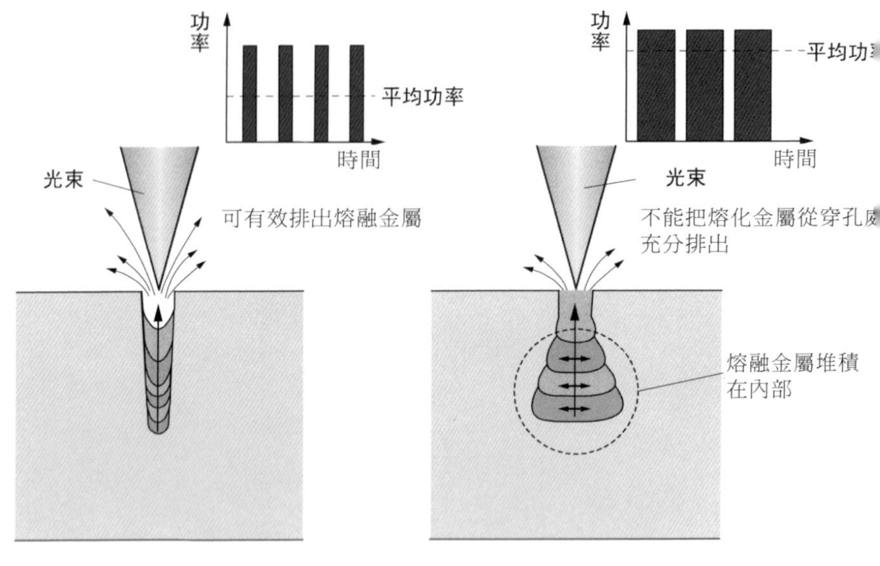

圖 3. 8② 熔融金屬從穿孔處的排出

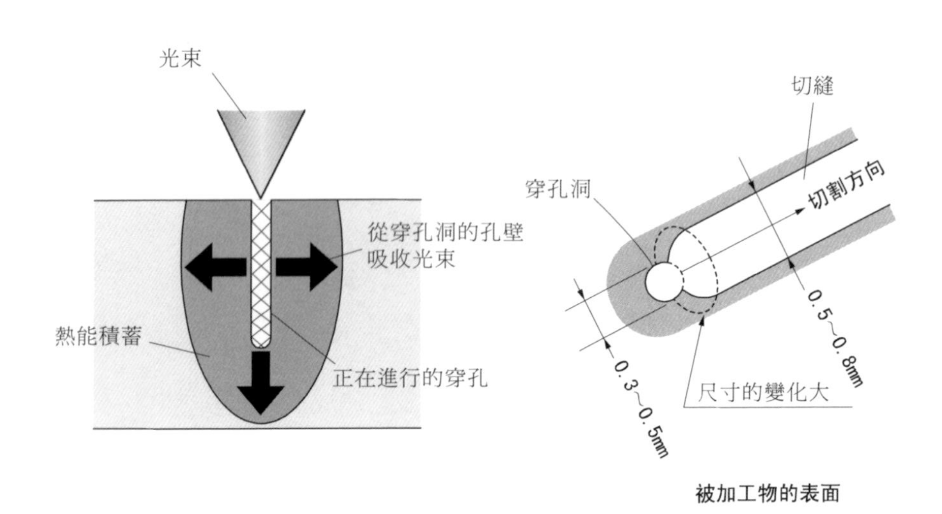

圖 3. 8③ 產生過燒的原因

3.9 解決 22 毫米厚板在開始條件處產生過燒的方法

【現象】

在碳鋼的厚板切割中，有時會在穿孔過後開始切割的穿孔線(穿孔後的切割初始部份)處出現過燒。而且板材越厚，產生過燒的頻率就越高，此時需要把開始切割處設定爲開始條件。

【原因】

① 穿孔過程中所排出的熔融金屬會堆積在孔的周圍，而當雷射經過堆積部時，就會發生雷射的反射以及輔助氣流的紊亂，從而造成過燒。

② 在穿孔過程中因爲被加工物的內壁也吸收雷射，被加工物的溫度會不斷升高，因此很容易導致過燒。如果在孔被穿透之後仍繼續照射雷射，則被加工物就會被一直加熱，溫度會不斷升高。

③ 在 22mm 厚碳鋼的加工中，用脈波條件進行穿孔時，圓孔上口部的直徑約爲 0.4mm，底部約爲 0.2mm，而切縫上部的寬度則約爲 0.7mm，下部約爲 0.5mm。如圖 3.9①所示，從穿孔位置開始切割時，圓孔內空間無法將驟然產生的大量熔融金屬完全吸收，因而會形成逆噴造成過燒。

【對策】

(1) 針對堆積物的對策

解決方法就是：採用單一脈波、能量比較高的低頻率、高峰值的脈波條件，切割時連同堆積物一同切割。雖然使用脈波條件時速度會比較慢，但熔融與冷卻的交錯進行是很適合表面狀態不穩定材料的。

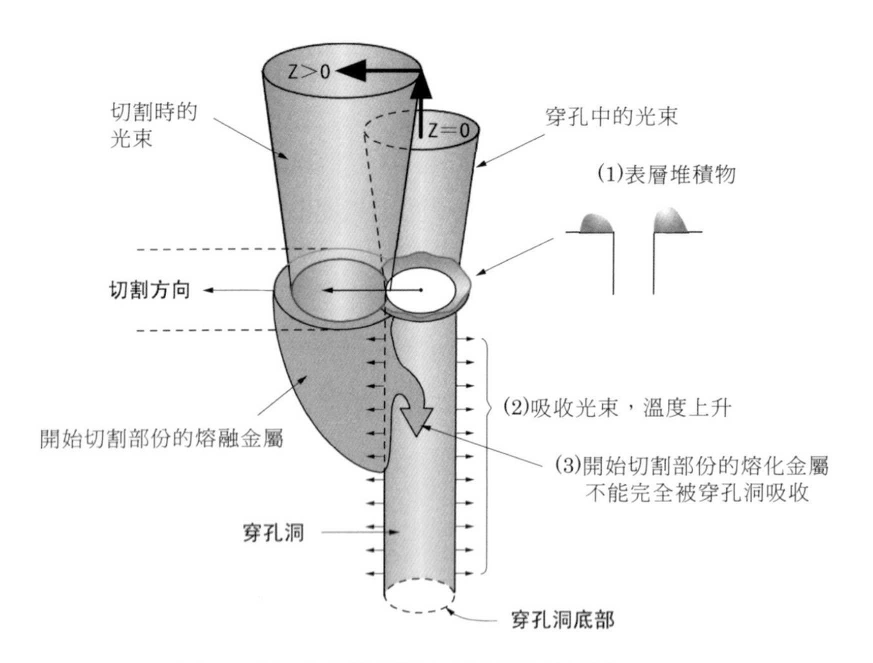

圖 3. 9① 穿孔後開始切割部份的不良

(2) 針對孔壁吸收雷射的對策

要避免雷射在孔被穿透後的繼續照射。方法是：縮短穿孔條件的時間設定，或者通過穿孔感測器來檢查孔被穿透的狀況並在極短時間內將條件切換爲切割條件。

(3) 針對穿孔直徑和切縫寬度不同的對策

讓穿孔過後開始切割處所產生的熔融量減少到孔內可以容納的程度。把切割條件設置爲脈波條件或低速條件就可有效減少熔融量。開始切割處的條件設置是由 NC 控制裝置自動完成的(圖 3. 9②)。

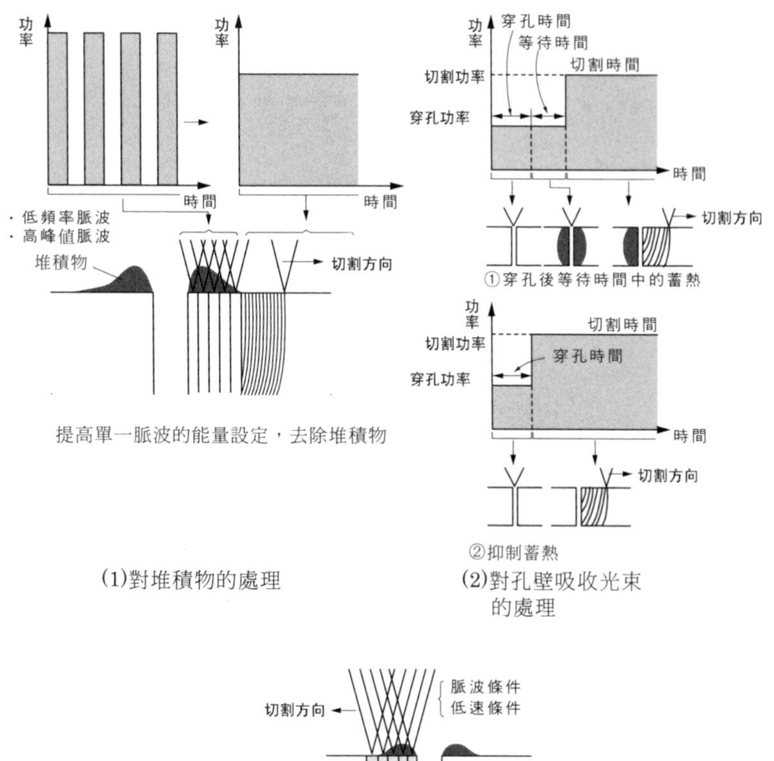

(1)對堆積物的處理

(2)對孔壁吸收光束的處理

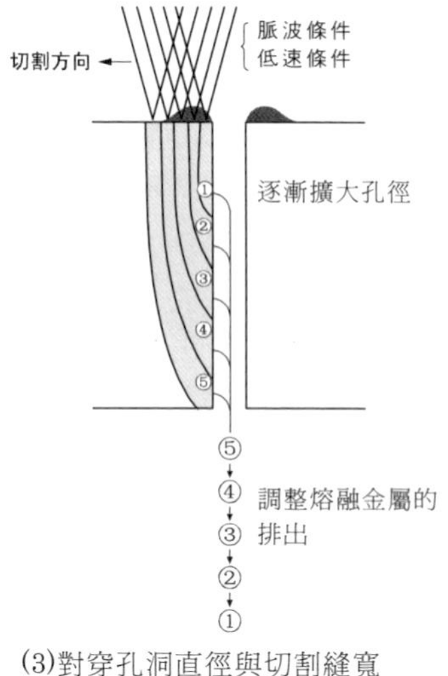

(3)對穿孔洞直徑與切割縫寬存在偏差的處理

圖 3.9② 在開始切割部份出現不良時的對策

3.10 適合碳鋼厚板的光束模式

【現象】

在薄板的高速切割中，熔融能力高的聚焦後光束模式比較合適。通常雷射切割中採用的都是短焦距透鏡的單模式聚光。但在厚板切割中，如果僅提高熔融能力，則不能將熔融金屬從切縫中有效排出，可高品質切割的加工條件裕度也比較窄。圖 3.10①是分別以單模(TEM_{00})和多模(TEM_{01}*)對 12mm 厚碳鋼進行切割時的加工條件裕度的對比，多模切割時的加工條件裕度比較寬[4]。

【原因】

在碳鋼的厚板切割中，光束模式將對切縫形狀起決定作用，圖 3.10②顯示了有關光束模式的兩個主要因素。

(1) 限制熔融的範圍

厚板切割的關鍵就是要讓需要通過雷射照射進行熔融的區域達到高溫，而不需要熔融的區域則要儘量保持低溫。特別是在切割起點處，被加工物表面的熔融現象將直接受光束模式影響。在雷射照射處，熔融是從雷射強度最強的中央部份向四周擴散，並在光束模式能量密度低的位置處停止。光束模式的斜角部份能量強度分佈傾角 θ 越大則向切縫周圍的熱輸入就會越少[8]。反之，如果傾角 θ 很小，則切縫的熔融就很難在需要停止的地方停止，燃燒範圍會擴大，從而造成熱能失控，引起過燒。如果被加工物的切縫寬度邊界處的溫度過高，則燃燒在從切縫中央向四周擴散時就很難停止在切縫寬度的邊界處，最終會導致過燒發生。

多重光束模式與單一光束模式相比，斜角部份的梯度大、對透鏡的負荷少，比較適合於厚板切割。

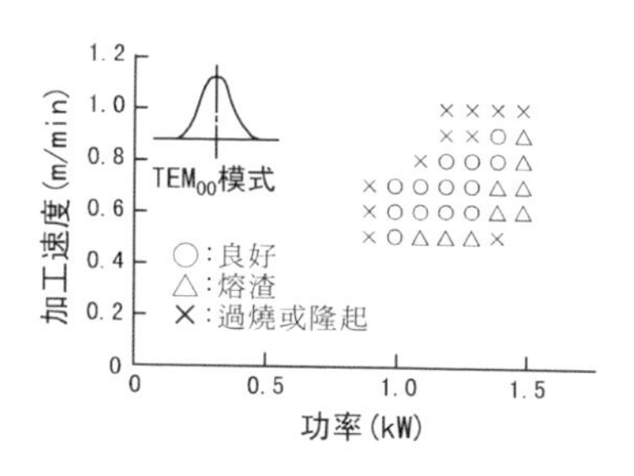

(1) TEM_{00}模式

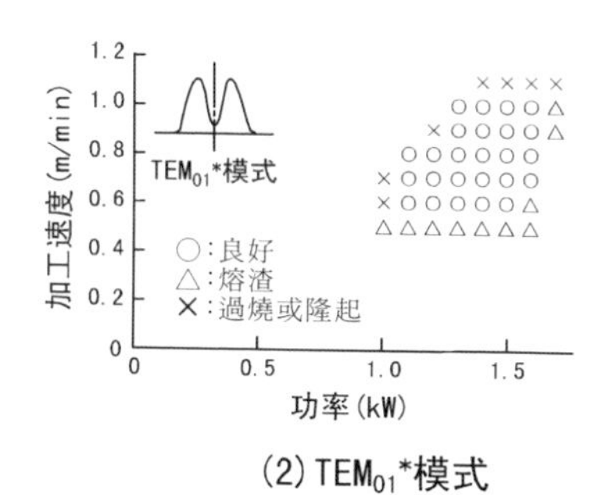

(2) TEM_{01}*模式

材質 SS400　板厚 12mm

圖 3. 10① 加工條件裕度的對比

(2) 切縫內的多重反射

雷射照射到被加工物後，在切縫內被多重反射切割加工。透鏡的焦距影響著雷射向被加工物的照射角度及多重反射的狀態。透鏡的焦距越長，切縫寬度從上部到下部的變化就越小，有利於厚板切割。不過，透鏡的焦距越長，光束模式的斜角傾斜也會越小，選擇焦距時需要結合光束模式進行。

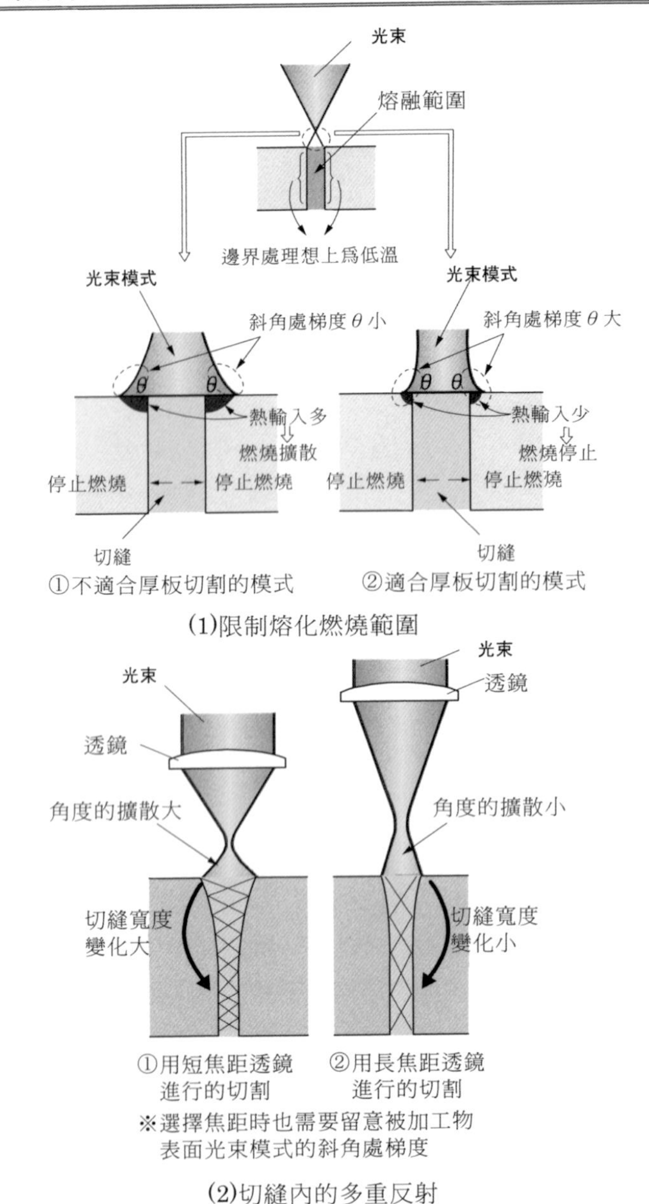

圖 3. 10② 碳鋼的厚板切割與光束模式的關係

3.11 選擇最適於碳鋼厚板切割的噴嘴

【現象】

碳鋼的厚板切割主要是利用氧化反應來完成的，輔助氧氣純度的管理顯得至關重要，這一點已於前面論述過了。氧氣的純度不僅在初期會下降，在切割過程中也會下降，切割品質會因此而變差，切割速度也會減慢，需要進行改善。

【原因】

輔助氣體是從被加工物的上方進行噴射的，如圖 3.11①所示，當氣流與材料表面發生撞擊時，氣流會出現紊亂。氣流沖入切縫後，沿板厚方向的燃燒及混入切縫內的空氣等又都會使氣體純度從切縫的中央到下部呈下降趨勢。特別是隨著板厚的擴大或切割速度的增加，切割前沿的下部會相對於切割方向呈滯後，氣體純度的下降會極大地影響到加工。

【解決方法】

如果使用的是普通的單孔噴嘴，則可以通過擴大噴嘴的直徑來提高氧氣對加工部的遮罩性。不過，這種做法又存在著會使氣流、氣體壓力的可控可調整範圍變窄、熔渣容易侵入易弄髒透鏡等問題。

圖 3.11②所示爲採用雙重結構噴嘴的情況。使用雙重噴嘴不但可以有用氧氣來遮罩切割部的作用，還可達到維持板厚方向氧氣純度的目的。外側噴嘴噴出的氧氣對從中央噴嘴噴射出的助燃氣體有輔助作用[6)]。不過決定氣流特性的調整是需要通過中央噴嘴來進行的。

雙重噴嘴的作用分別爲：從中央噴嘴噴出的氧氣使燃燒從材料表面向下方深入，氣體的純度在燃燒過程中下降，外側噴嘴噴出的氣體再把下降部份的氣體補充上。另外，隨著切割的深入，外側噴嘴噴射出的輔助氧氣還可以起到擋住外氣向切縫侵入的作用。

板材越厚，板厚下部的氧化反應就會越滯後，切割前沿的下半部份滯後於加工的前進方向時就會脫離出氧氣的噴射範圍。加快切割速度時，切割前沿下部也同樣會相對於加工的前進方向呈滯後，從而會脫離出氧氣的噴射範圍。針對切割前沿下部的如此滯後現象，採用雙重噴嘴就可有效利用從雙重噴嘴噴射出的氧氣來阻止空氣向加工部的侵入。

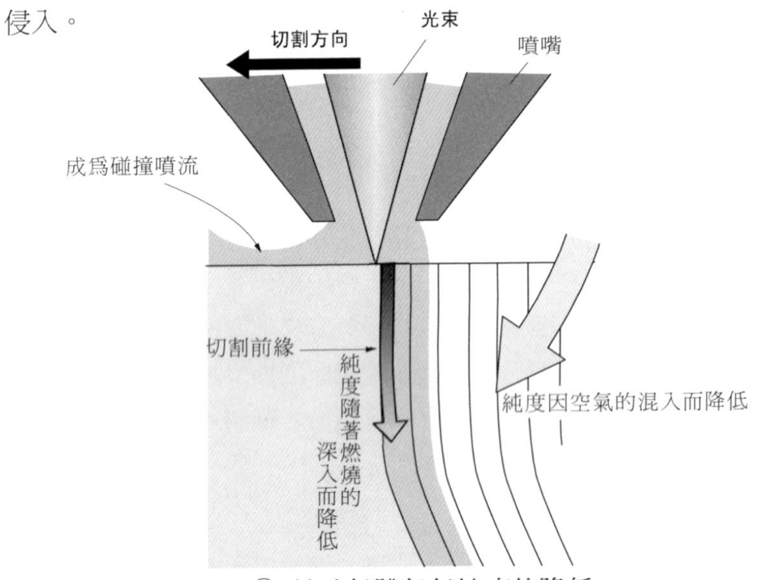

圖 3. 11① 輔助氣體氧氣純度的降低

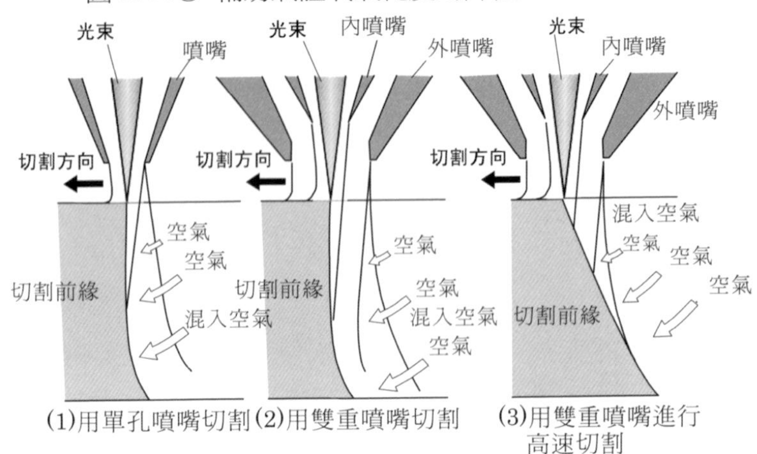

圖 3. 11② 厚板切割中雙重噴嘴的效果

3.12 防止厚板在切割結束點熔損的方法

【現象】

在碳鋼的厚板切割中，很容易在切割結束點部份出現熔損現象。在如攻牙等的切孔加工中，根據品質要求，有時需要對熔損部份進行修補。特別是那些板材厚、孔徑小的加工，熔損量會比較大。

【原因】

如圖 3.12①所示，在加工處產生的熱傳導速度快於切割速度，熱能會作用在雷射之前。當加工接近末端部份時，熱量將失去熱傳導空間，末端部份因此而處於高溫狀態。此時如果再繼續提供氧氣，就會引發過燒造成熔損。

【解決方法】

（1）在產生熔損前停止加工、（2）減少熱能的輸入、（3）抑制氧化反應、（4）在溫度升高前加工、（5）進行補償。

（1）在產生熔損前停止加工 ⇒ 添加微連接

這是一種在加工末端就要加工完畢時停止切割留下稍許切割剩餘(微連接)的方法。微連接的量需要根據①加工材料的板厚、②加工形狀、③材質、④切縫寬度(焦點位置、透鏡焦點距離)等要素來決定。

（2）減少熱能的輸入 ⇒ 切換爲熱能輸入較少的脈波條件

方法就是將發生熔損部份的條件切換爲熱量輸入較少的脈波條件。脈波條件的①低頻率、②低有效放電率、③低速度、④低氣體壓力等參數設定會有效抑制熱能的輸入。

（3）抑制氧化反應 ⇒ 使用空氣或氮氣

雖然氧氣的氧化反應熱可以提高加工能力，但卻會使末端部積蓄過多的熱能。如果把末端部的加工氣體切換爲空氣或氮氣，則雖然會出現熔渣缺陷，但卻可有效抑制氧化反應熱的產生。

(A)結束點的熔損

SS400 12mm

光束

在末端處受斷熱作用的影響，工作溫度上升容易產生熔損。

(B)對策方法

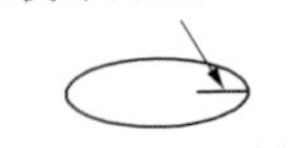

在低於熔損發生溫度時停止加工
決定微連接量時要考慮到以下要素
. 板厚
. 形狀

(1)添加微連接

在低於熔損發生溫度時開始加工
末端部的加工條件
· 低頻率脈波
· 低有效放電率脈波
· 低速
· 冷卻時間
· 低氣壓

(2)末端處爲熱輸入較少的脈波條件

抑制因氧氣所致的燃燒反應，以防熔損。
末端部的加工條件爲空氣切割條件

(3)抑制氧化反應的條件

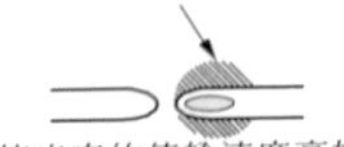

使光束的傳輸速度高於熱傳導速度

(4)提高加工速度

在程序中添加與熔損量相等量的凸起進行加工

(5)突起程序

(C)使用熱能輸入少的脈波條件而得到改善的示例

SS400 12mm

圖 3. 12① 熔損的產生與解決方法

(4) 在溫度升高前加工 ⇒ 提高加工速度

如果在輸出功率上還有讓切割速度提高的餘地，則請將切割速度條件設置爲比熱傳導速度更快的條件，也就是說需要將切割速度設定在 F＝2m/min 以上。

(5) 進行補償 ⇒ 凸起程式

在程式上，添加與熔損掉的量等量的凸起程式。凸起部份在加工中會被熔掉，最終可獲得加工上的平衡，達到防止熔損的目的。

3. 13 生銹材料難以切割的原因及其解決方法

【現象】

在碳鋼的厚板切割中，即使通常能進行良好切割的材料，當其表面存在鐵銹時，切割面就可能會變得粗糙或產生過燒。圖 3. 13①所示爲對(1)有銹、(2)沒銹的 12mm 厚 SS400 材料進行切割的結果。

【原因】

雷射本身並不帶熱，只有在被材料表面吸收後才會轉化爲熱能進行切割。材料的表面是否有生銹的地方，會直接影響到雷射的吸收率，所產生的熱能也將大不相同。另外，生銹程度不同時或鐵銹已穿透材料表面的氧化皮擴散到了材料內部時，氧化膜與母材的緊貼性會比較差，材料的熱傳導將會不均勻影響加工品質。假設整個被加工物生銹生得很均勻的話，則理論上雷射的吸收均勻，應該可以獲得良好的加工品質。

【解決方法】

如圖 3. 13②所示，解決方法是，在切割前進行預加工，使被加工物表面能均勻吸收雷射。具體做法是，使用切割用加工程式，先將功率設爲低功率，並升高焦點位置，沿加工路線均勻熔化被加工物的表面，然後再返回到加工開始點，將條件切換爲切割條件，進行正式切割。需要注意的是，如果被加工物的表面在預加工中被過度熔融，則切割面也會變粗糙。用此預加工法進行加工，雖然切割面品質比不上完全沒有生銹的材料(切割面)，但從防止過燒的意義上則是很有效的。另外，該切割法在被加工物表面有油漆、滑痕或其他污漬時使用，也會得到良好的切割品質。

(1)生銹材料的切割

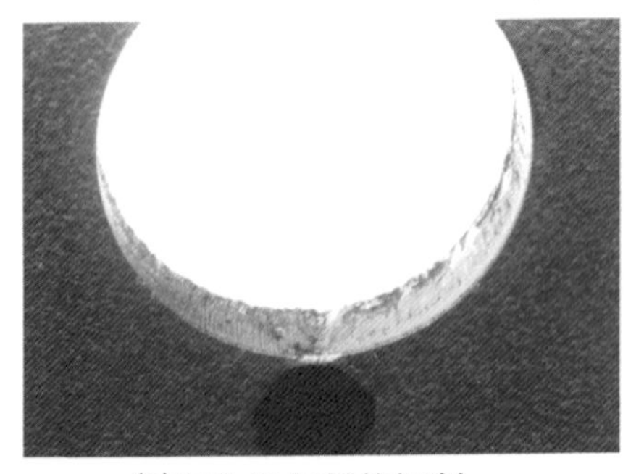

(2)無生銹材料的切割

材質、板厚	SS400・12mm	用同一條件切割
功率	1,800W	
速度	1,000mm / min	

圖 3.13① 生銹材料的加工結果

如圖 3.13③所示，還有一種方法就是用金剛砂輪把材料表面的鐵銹連同氧化皮一起去除，待露出母材的金屬面後再進行加工。不過，母材(Fe)的熱傳導率是大於氧化皮的 [10)]，雷射或輔助氣體的稍許紊亂都會增加發生過燒的可能性，並且過燒一旦發生其範圍也將很大。氧化皮在雷射切割中有著重要的意義。

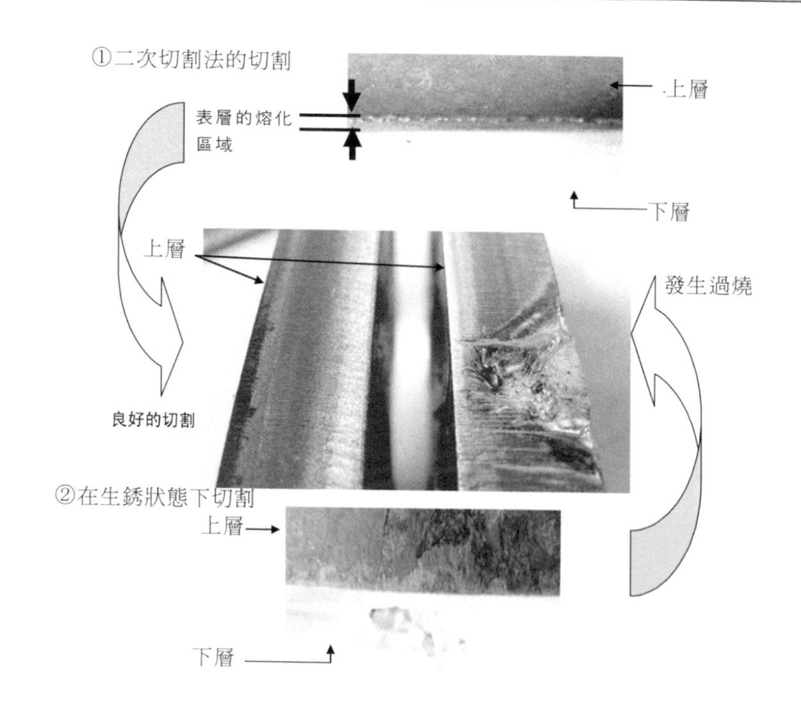

圖 3. 13② 使用二次切割法切割

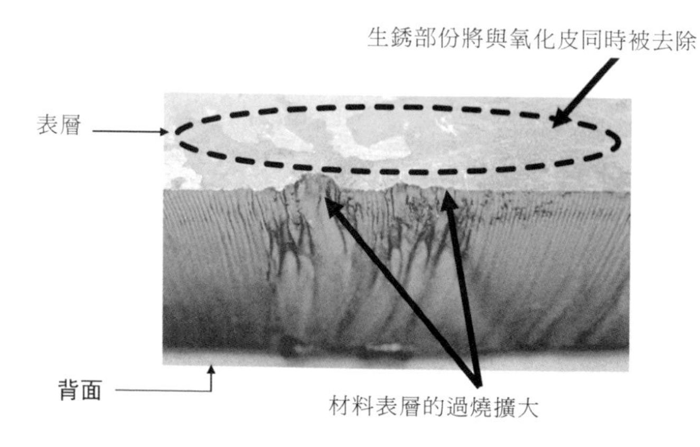

1)氧化鐵的熱傳導率比鐵小(1/2～1/6)

圖 3. 13③ 材料表層氧化皮的去除

3.14 可使碳鋼材料的刻線變粗的刻線用加工條件

【現象】

有些船舶、橋樑部件等在雷射加工後還需要再鍍上很厚的鋅膜。普通的雷射刻線，其加工部僅會隆起大約 0.1～0.2mm，在鍍膜後，刻線將會消失，這就要求雷射刻線的凹凸要更大。

【原因】

普通的雷射刻線是使用輔助氮氣、低功率雷射進行的，焦點位置設在被加工物的表面，通過熔化材料表層來完成。如果在此狀態下，加大功率或降低加工速度，則雖然可以使被加工物表面的熔融範圍變大，但熔融部位的表面也同時會變得很粗糙。而抬高焦點加大照射在照射面上的光束直徑的做法就又會使照射面上的光束能量強度分佈不均勻，加工會變得不穩定。

【解決方法】

可將線條刻得既粗又深的方法如圖 3.14①所示，即利用氧氣的助燃作用，使雷射照射部位的燃燒熔融範圍擴大，同時再採用高壓輔助氣體條件，將熔融金屬迅速吹除。

噴射高壓輔助氧氣來使加工材料熔化、燃燒時的熔融現象一般是向板厚方向深入，最終會形成切割加工。此時，如何將輔助氧氣的加工能力僅限制在挖深刻線的程度上就成爲問題解決的關鍵，需要對熔化的寬度和深度進行控制，也就是說需要對噴嘴條件進行優化。

圖 3.14②所示爲對 6mm 厚的碳鋼以 250W 輸出功率、1000mm/min 加工速度的條件刻出的線條。所使用的噴嘴分別爲 ϕ2mm 和 ϕ1mm。使用 ϕ2mm 噴嘴時，加工變成了切割，而使用 ϕ1mm 噴嘴時是深挖加工。直徑小的噴嘴有促進向橫向擴展、抑制向縱向深入的作用。

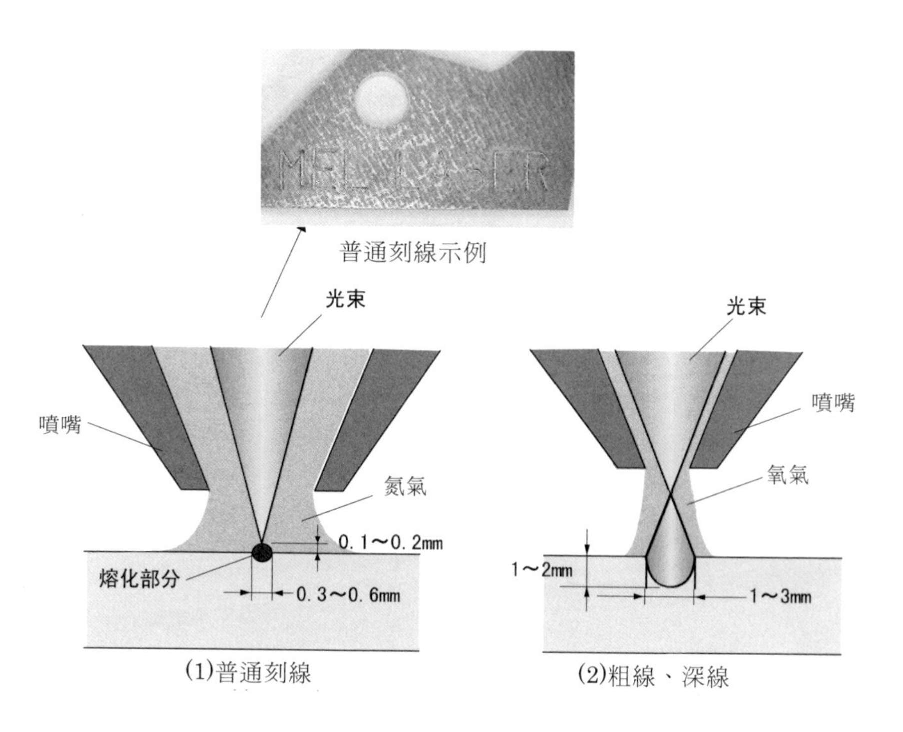

圖 3. 14① 刻深、粗線的方法

加工中適量空氣的侵入也是有助於抑制燃燒反應的。由於輔助氣體使用的是氧氣，熔融金屬在加工過程中會被氧化，再加上高壓輔助氣體的噴射，被加工物表面將會變成微小的顆粒四處飛濺（如圖 3. 14③所示）。不過，由於此時焦點位置設定得較高，噴嘴離加工位置較遠，所濺起的金屬是不會黏到噴嘴上的。

材料:SS400　板厚:6mm　功率:250W　速度:1000mm/min

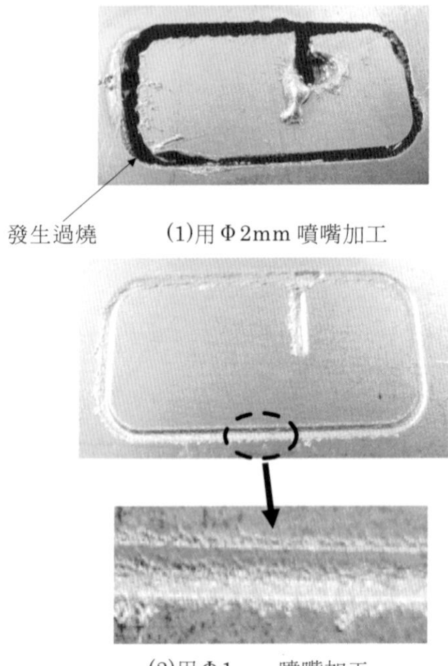

(1)用 Φ2mm 噴嘴加工

(2)用 Φ1mm 噴嘴加工

圖 3.14② 噴嘴直徑的影響

圖 3.14③ 刻粗線、深線時的加工狀況

3. 15 斜向切割的加工性能

【現象】

一般情況下雷射切割是雷射向被加工物表面垂直進行照射。如果被加工物相對於雷射的照射軸呈傾斜狀態，或雷射向被加工物表面進行斜向照射，則加工會變得極不穩定。在碳鋼板材的氧氣切割中，切割面爲銳角的部份將會發生過燒，而在不銹鋼等材料的無氧化切割中，斜向切割會造成被加工物背面的熔渣。

【原因】

圖 3. 15①(1)是將加工頭傾斜於 12mm 厚 SS400 板進行切割時，板材表面及底面的切縫照片。斜向照射雷射，則照射到被加工物表面的能量密度會相對於加工方向呈不均勻狀態。如果從噴嘴噴出的輔助氣體也相對於被加工物表面呈傾斜，則射入到切縫內的氣流會出現紊亂，影響加工品質。

從被加工物要素角度看，切割邊緣處會出現銳角端(a 側)和鈍角端(b 側)，銳角端(a 側)會積熱過多，容易引發過燒。

【解決方法】

如圖 3. 15①(1)所示，12mm 厚材料在傾斜角不大於 10°時，切割品質良好。(2)顯示了對各種厚度的 SS400 板材進行加工時，加工頭的傾斜角與極限切割速度的關係。傾斜角越大，切割速度就需要降得越低。

過燒是因爲燃燒過度而產生，最根本的有效對策就是對氧化反應熱進行抑制。對於厚度小的材料，可以通過使用空氣或氮氣輔助氣體來抑制氧化反應，不會產生過燒。不過，被加工物背面的熔渣會呈增多傾向。

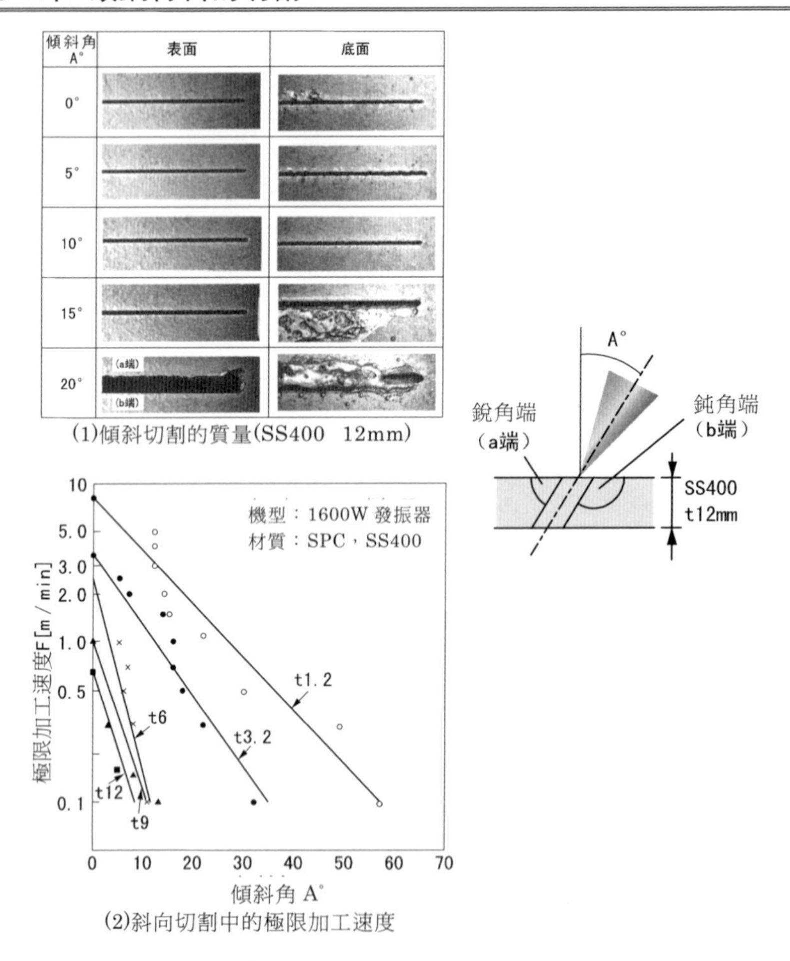

(1)傾斜切割的質量(SS400 12mm)

(2)斜向切割中的極限加工速度

圖 3. 15① 斜向切割時的質量與能力

對被加工物進行傾斜切割時，切割方向對加工品質也有很大的影響。切割方向僅限於上升與下降方向時，上升方向會比下降方向更容易產生過燒。

對鋁合金等高反射材料進行斜向切割時，由於雷射光束向被加工物表面的照射面積增加，能量密度會相應下降，會更容易引起反射的發生。在三維雷射切割中，也需要雷射始終垂直進行照射，在需要進行斜向切割時，請採取塗抹光束吸收劑等措施防止反射。

3.16 花紋鋼板切割中的注意事項

【現象】

花紋鋼板的材質一般有碳鋼、不銹鋼或鋁合金。如果把花紋鋼板的突起部份面向上放置進行切割,則碳鋼材會更容易發生熔損。圖 3.16 ①中顯示了雷射的前進方向與發生熔損的關係。切割方向上的突起的後半部份是更容易發生熔損的部份。

【原因】

在熱的傳導速度快於切割速度時，熱量將彙集於突起的轉角處，再加上材料表面與噴嘴或與加工透鏡之間的位置關係會在突起處發生變化，輔助氣體壓力或焦點位置條件會偏離正常值。

【解決方法】

對花紋鋼板進行高品質切割的方法有：（1）減小突起部份的凹凸變化，（2）抑制熱能向突起部份的集中。

（1）減小突起部份凹凸的影響

放置板材時，把突起面作爲加工背面(底面)、沒有凹凸的面作爲雷射的照射面放置，這樣就可以減小加工面上輔助氣體或焦點位置的變化程度。在設定加工條件時，要將突起部份的高度也考慮在內，設置最大板厚 T 的切割條件。如果被加工物是比較大的板材，則進行上下翻動的工作負擔可能會比較大，但在減輕熔損上不失爲行之有效的方法。

（2）抑制熱能向突起部份的集中

在不得不把有突起的凹凸面作爲加工上面(表面)進行切割時，就需要將切割速度條件設置爲大於熱傳導速度（F＝2m/min）的條件。焦點位置要設在突起部的頂點，突起部切縫的表面寬度儘量要小，這些都是良好加工品質的關鍵。輔助氣體的噴射量也對影響到熔損會產生的量。噴嘴要儘量選擇直徑比較小的噴嘴，儘量減少輔助氣體的耗用量。

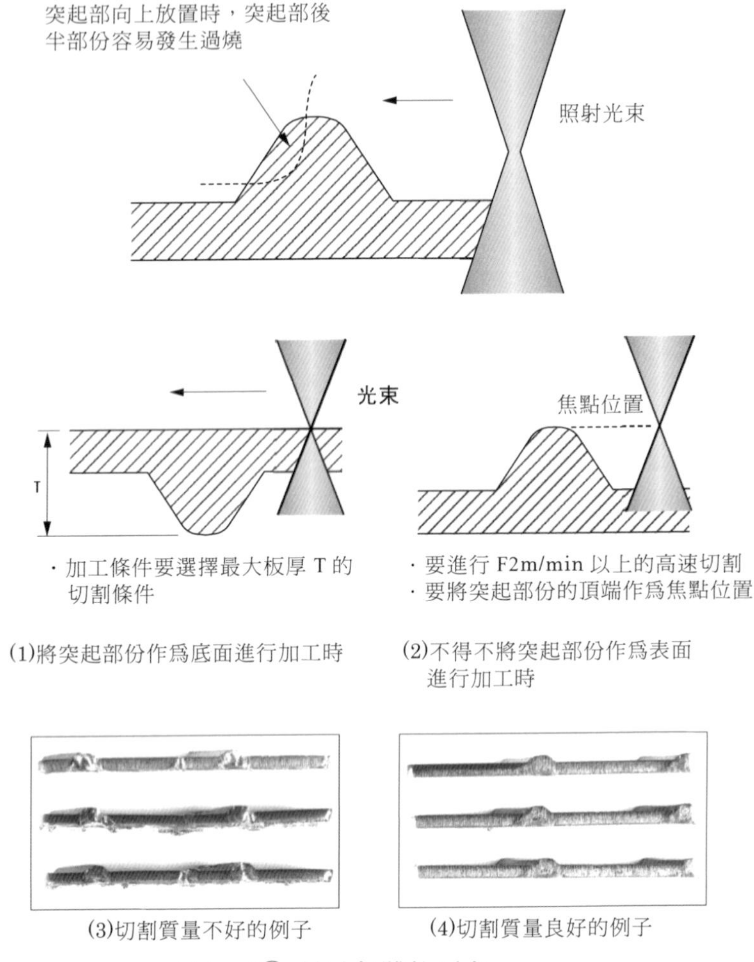

圖 3. 16① 輔助氣體的要素

另外，在此切割中，讓噴嘴與被加工物表面之間保持一定距離的噴嘴前端電容式感測器的仿形將是非常困難的，在這種情況下仿形需要通過接觸式感測器來進行，並需要將仿形限定在突起部的上方。

3.17 厚板切割面粗糙度的改善方法

【現象】

在碳鋼厚板的切割中，熔融現象起點的第一條割痕的切割面粗糙度會直接影響板厚的中央部到下部切割面的粗糙度。如果第一條割痕的切割面粗糙度良好，則向下延續的切割面粗糙度也會良好。而如果第一條割痕的粗糙度不好，則切割面的中央部與下部也不會很好。

【原因】

如圖 3.17①所示，第一條割痕的切割面粗糙度是由雷射的照射、燃燒沿切割前沿接觸點 A 點向四周擴散的範圍、熔融的量來決定的。在上部產生的熔融金屬將在向下方流動的同時引起燃燒反應，使切割向下深入。雷射的熔融現象隨著雷射在被加工物表面的前進(切割)，①燃燒從 A 點開始並擴展，②燃燒速度 VR 先行於雷射的前進速度 V_L，③燃燒在溫度低的 B 處停止，④雷射到達停止位置 B 處，如此不斷反復最終達到切割目的。要提高切割面的粗糙度，就需要在步驟①處讓開始並擴展的燃燒停止擴展。

此外，輔助氧氣純度的下降也會使氧化燃燒反應或熔融物的流動性變差，其他章節中對有關解決方法有所論述，敬請一閱。

【解決方法】

在第一條割痕處，要最大限度減小燃燒向雷射光束四周的擴散範圍就需要雷射照射得是非連續性的，以便可以使熔融、燃燒現象進行間歇。不過，作爲連續性的切割加工則需要間歇性的照射要在極短時間內進行不斷的反復。

圖 3.17②是在對 12mm 厚的 SS400 材料的切割中分別將雷射條件設定爲 1300Hz 高頻率脈波(HPW)條件與 CW 條件時的切割面外觀與切割面粗糙度的對比。可以看出，HPW 加工時，切割面的上部和中央部都可獲得良好的切割面粗糙度[9]。

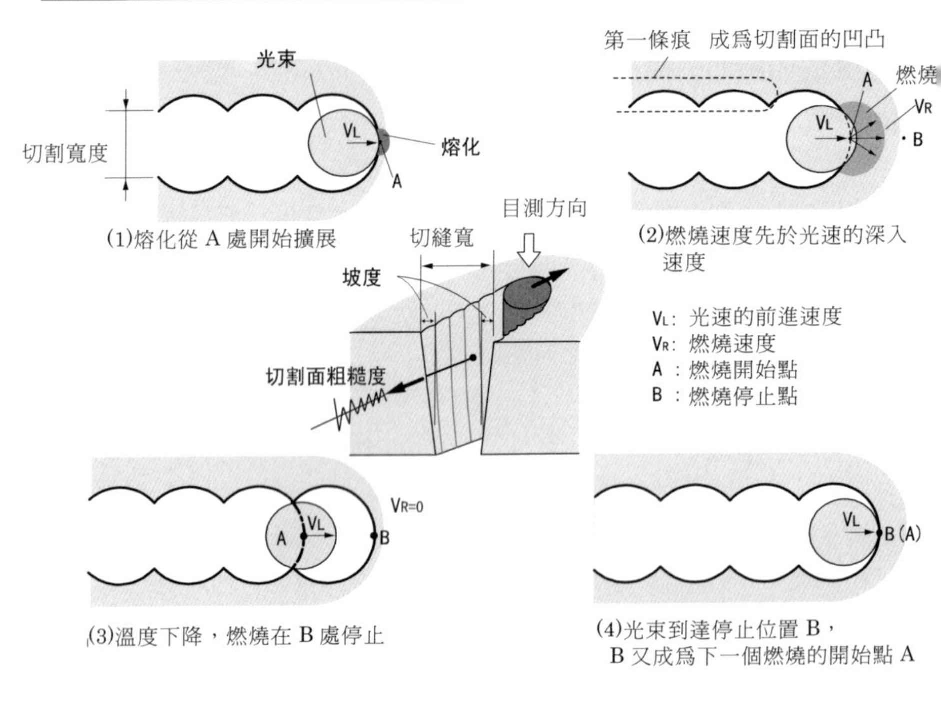

圖 3.17① 第一條割痕範圍的切割現象

一般的脈波加工(低頻率)就是反復進行光束的照射和停止。照射停止，加工也會停止，加工會成爲不連貫的加工。而 HPW 時因爲脈波頻率是高頻， 所以既可在第一條割痕區處使燃燒向四周擴展的範圍變窄，又可使停止照射的時間短，熔融金屬可從板厚的中央部向下部流動，從而得到連續性的切割。

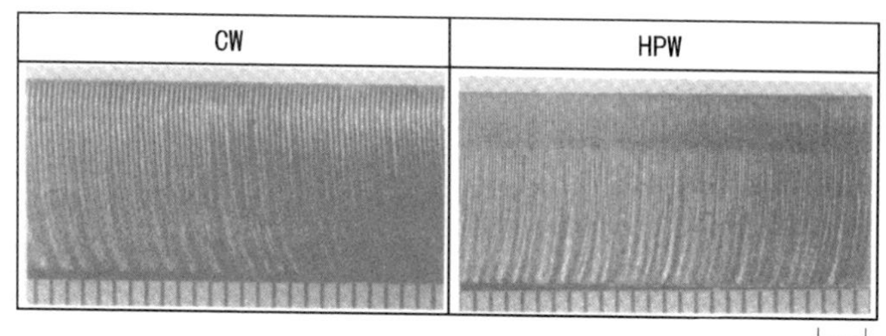

(1)SS400　12mm 切割面外觀

	CW	HPW
上部 Ru	1mm　50μm	1mm　50μm
中央部 Rm	1mm　50μm	1mm　50μm
下部 Rℓ	1mm　50μm	1mm　50μm

(2) 切割面粗糙度

HPW 條件：功率 1,350W、有效放電率 50%、頻率 1,300Hz、速度 0.8m/min
CW 條件　：功率 1,350W、速度 0.8m/min

圖 3. 17② CW 切割與高頻率脈波(HPW)切割的切割面對比

第 **4** 章

不銹鋼材料的切割

在當前的不銹鋼切割中，以高壓氮氣作爲輔助氣體進行無氧化切割的比較普遍，因爲這樣切出來的切割面品質又好，附加價值又高，可滿足當前市場上對產品的要求。不過當今市場上除對切割面外，對其他方面的要求也是日趨嚴格。只有對不銹鋼特有的加工現象予以透徹理解，才能有效提高加工品質。

4.1 不銹鋼無氧化切割的特長

【現象】

在不銹鋼的切割中，輔助氣體一般使用氧氣、氮氣或空氣，具體用哪一種要根據實際的加工用途來選擇。在輔助氣體的消耗量上，氧氣切割是最少的，而氮氣和空氣則相對較多。在切割速度上，使用空氣或氮氣時，相對比較快，而使用氧氣時則相對比較慢。切割面的氧化程度按氮氣、空氣、氧氣順序呈遞增趨勢，去除氧化膜的工序負擔也相應遞增。

【原理】

（1）加工速度

圖 4.1①所示爲用 3kW 功率發振器切割 SUS304 材料時，板厚與切割速度的關係。厚度在 3mm 以下時用氧氣切割的話，可以利用氧化反應效果來實現高速化。而當板厚大於 3mm 時，則熔融金屬的流動性是用氮氣切割時好，結果就是無氧化切割的切割速度快。用空氣切割的話，在切割速度上基本可以得到與氮氣相同的水準，但在切割面粗糙度及掛渣程度上，加工品質將遠不如氮氣加工。

（2）切割面的處理

用氧氣切割或是用氮氣切割，切割面表層的硬度將會大不相同（如圖 4.1②所示）。被氧化了的切割面表層硬度約是母材的 2 倍，而無氧化切割的表層硬度則比較低且切割面粗糙度好，後序加工的研磨處理也相對比較輕鬆。使用氧氣加工的切割面會出現頑固的氧化層，後續處理工序負擔較大。

（3）切割面的耐腐蝕性

圖 4.1③是對 SUS304 材料用各種輔助氣體進行雷射切割而得到的鹽霧耐腐蝕實驗的結果。[7] 用氧氣和空氣加工的切割面出現生銹，而用氮氣進行的無氧化切割面則沒有生銹。切割中所用輔助氣體的種類對切割面的耐腐蝕性影響是很大的。

（4）切割面的焊接品質

把用雷射切割後的切割面進行對焊時，如果切割面已被氧化，則焊縫內將會產生氣孔，焊接強度會出現問題。而將無氧化切割的切割面進行對焊，則可以得到良好的焊接品質。

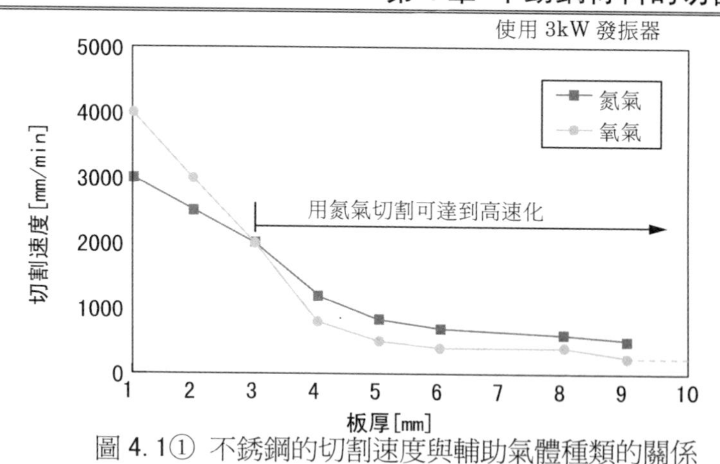

圖 4.1① 不銹鋼的切割速度與輔助氣體種類的關係

圖 4.1② 不銹鋼切割面的硬度

生銹	生銹	不生銹
輔助氧氣	輔助空氣	輔助氮氣

鹽霧耐腐蝕實驗：5%Nacl、測試溫度 36℃、測試期一個星期

圖 4.1③ 各種輔助氣體切割出的樣品的耐腐蝕性實驗結果

4.2 解決不銹鋼的鬚狀熔渣所導致加工缺陷的方法

【現象】

在不銹鋼的穿孔加工中，雷射光束一照射到金屬，金屬就開始熔融。如圖 4.2①所示，熔融物將被噴出到材料表面，飛濺到小孔的周圍，並形成鬚狀熔渣。這些鬚狀熔渣會使切割面出現劃痕，還會影響靜電容量感測器的仿傚動作。

【原因】

輔助氣體使用氧氣時，熔融金屬將會在穿孔過程中被氧化，不會形成鬚狀物，且與不銹鋼材料表面間的緊貼性也不強。而輔助氣體使用氮氣時，熔融金屬將不會被氧化，此時熔融金屬的黏稠性較低，會伸展成爲鬚狀物，且由於該熔融金屬與材料表面間的緊貼性較強，將在小孔的四周堆積。

【解決方法】

防止熔融金屬的飛濺、黏著的方法有（1）減少產生的量、（2）防止黏著、（3）黏著上之後去除（如圖 4.2②所示）。

（1）減少產生的量

① 調整穿孔條件，提高頻率降低單一脈衝的輸出功率將可有效減少熔融的量。圖 4.2③是分別以 200Hz 頻率和 1500Hz 頻率進行加工的結果。需要注意的是，使用此加工條件時，熱輸入也會同時增加，是不能用於厚板切割的。

② 利用輔助氣體或側吹氣體將從穿孔洞中噴出的熔融金屬吹散。圖 4.2④所示爲分別以輔助氣體爲 0.05MPa 和 0.7MPa 的壓力進行加工的結果，可以看出使用高壓氣體時黏著在表面的熔渣量較少。

（2）防止黏著

① 在材料表面塗抹隔離膜也可起到防止熔融金屬黏著的作用。材料表面上塗有隔離膜時，穿孔中所產生的熔融金屬將會堆積在隔離膜上，而不會直接黏著在材料表面。隔離膜可以使用熔渣防止劑或易於後序處理的界面活性劑之類（圖 4.2⑤）。

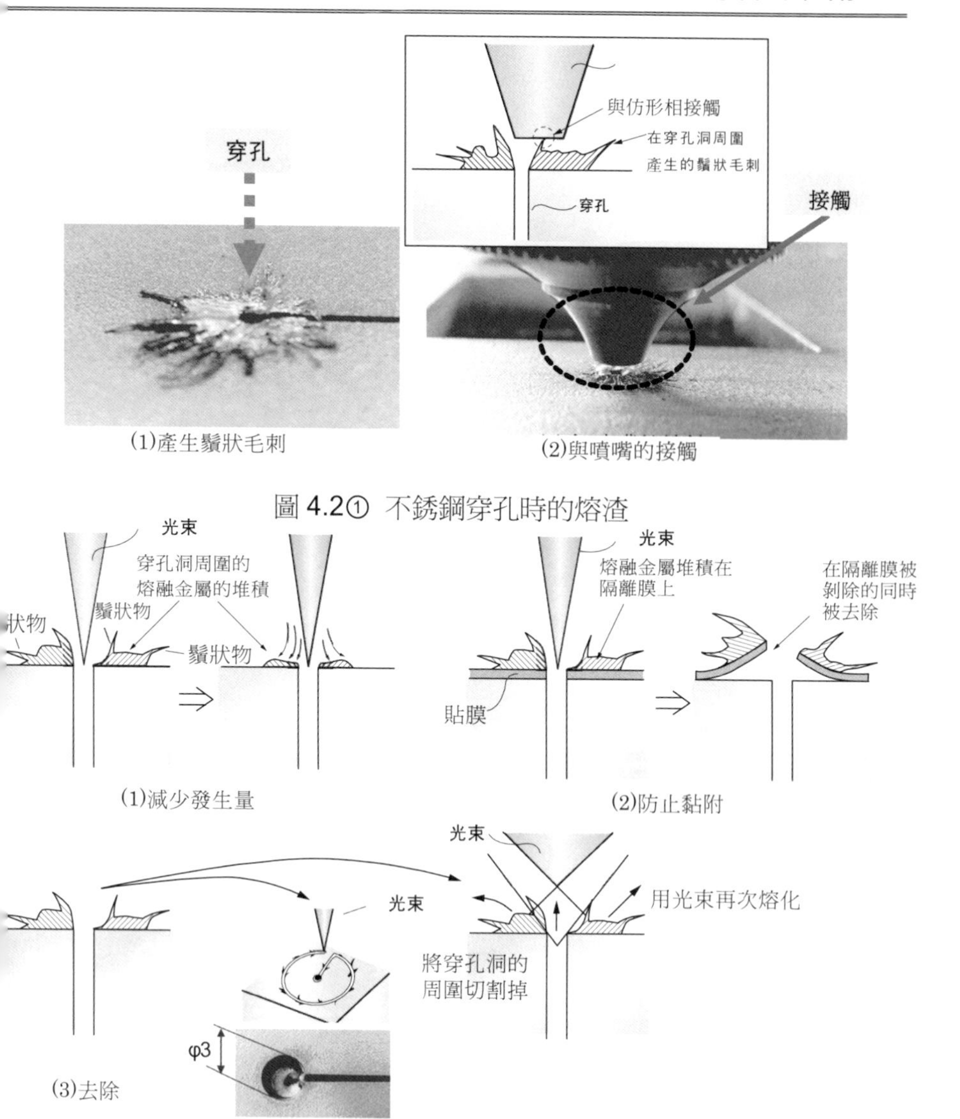

圖 4.2① 不銹鋼穿孔時的熔渣

圖 4.2② 解決不銹鋼鬚狀熔渣問題的方法

（3）去除

① 有兩種方法：一種是在穿孔洞的附近切割很小的圓孔，切割圓孔時將熔融金屬一起切割的方法，另一種就是在穿孔後把焦點位置向上方移動，將堆積物進行再熔化，並用氣體將之吹散的方法（圖 4.2②(3)）。

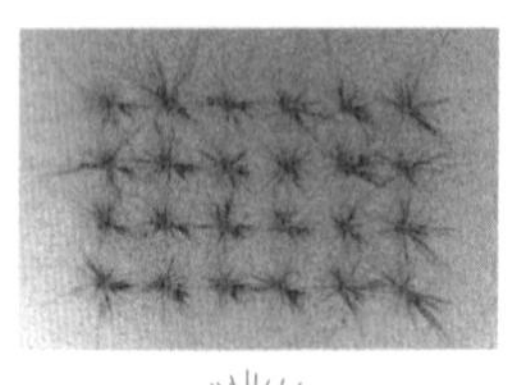

(a)以 200Hz 頻率進行的穿孔

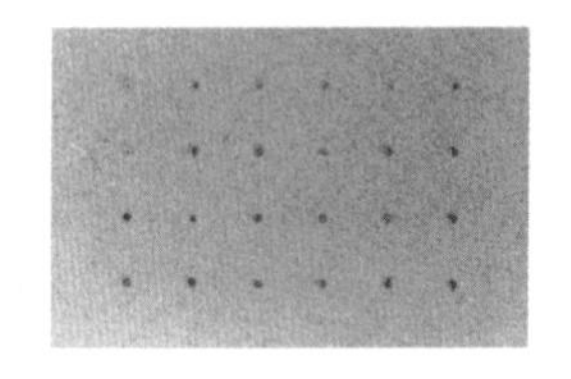

(b)以 1500Hz 頻率進行的穿孔

圖 4. 2③ 不銹鋼 1mm 的加工

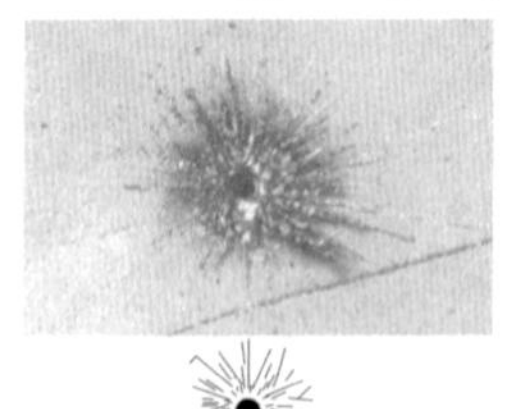

(a)以 0.05MPa 氣壓進行的穿孔

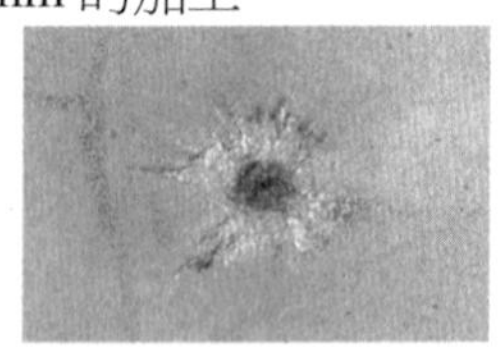

(b)以 0.7MPa 氣壓進行的穿孔

圖 4. 2④ 不銹鋼 6mm 的加工

板厚	4mm	6mm	9mm	12mm	
①氮氣穿孔					. 熔融物較大 . 非常頑固
②氧氣穿孔					. 熔融物雖大，但不頑固
③塗抹界面活性劑					. 與①相比，熔融物較小

圖 4. 2⑤ 防止黏著在材料表面

4.3 解決厚板在穿孔後開始加工部位產生加工缺陷的方法

【現象】

如圖 4.3①所示，在不銹鋼厚板的無氧化切割中，穿孔時產生的熔融金屬將會堆積在穿孔洞的上面，加工頭經過時就會產生加工不良。如果將穿孔時所用輔助氣體改爲氧氣，則可減少熔融金屬的堆積。不過，穿孔中使用氧氣時需要注意的是，在穿孔後進入下一步的切割之前如輔助氣體管路內的剩餘氧氣不能完全排除乾淨，則所剩氧氣將會混入到氮氣裏，會使切割面發生氧化。

【原因】

（1）堆積物的影響

如圖 4.3②所示，堆積物對加工的影響就是在切割時容易引起雷射的反射、擾亂輔助氣流。在無氧化切割中，穿孔時把焦點位置設置在 Z＝0 附近，而在切割時再改爲 Z＝－T（被加工物的板厚：T）的方法比較普遍。但是該方法會降低切割時照射到材料表面的能量密度，容易造成加工不良。

（2）氣體切換的影響

在進行氧氣和氮氣的切換時，需要將管路內的剩餘氣體高效、徹底地排出。穿孔的次數越多，氣體切換的次數也就會越多，排放氣體所需的保潔時間也就會越長。

【解決方法】

（1）針對堆積物的影響

如圖 4.3③所示，對有熔融金屬堆積物的開始切割部分使用高雷射能量密度條件。具體做法是：在穿孔後開始切割處使用與穿孔時相同的高能量密度、相同的焦點位置 Z＝0 條件進行切割，經過堆積物後再降低焦點（Z＝－T）[1]。以 Z＝0 的焦點位置進行切割時，切縫寬度會比較狹窄，被加工物背面的熔渣量會增加，因此穿孔線（開始切割的線段）要設置在不是零件的位置處。而且其加工條件參數也要設定爲高功率、低速度條件，此時的條件設定是以堆積物部分的穩定加工爲主。

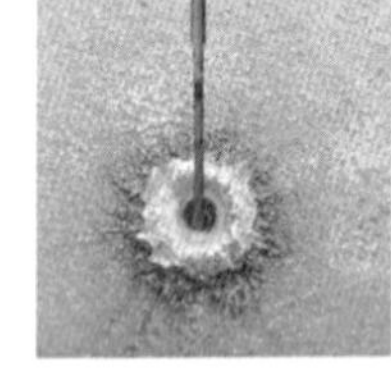

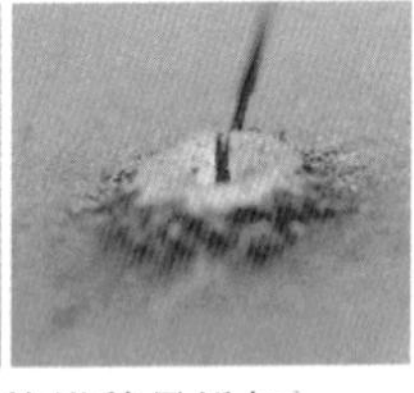

(1)熔融金屬的堆積量增加

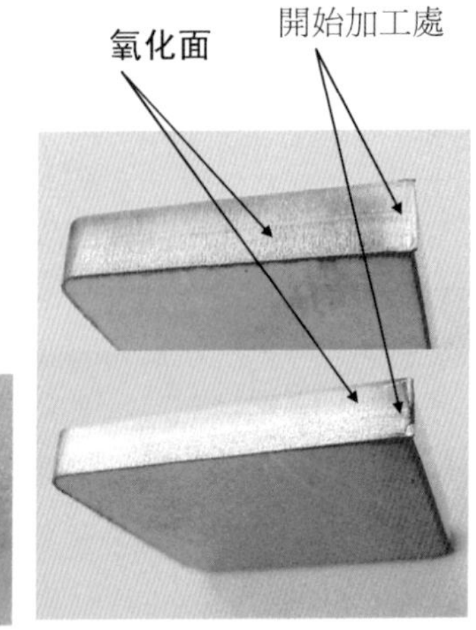

(2)氧氣穿孔後的保潔不足

圖 4. 3① 穿孔後開始切割處的不良

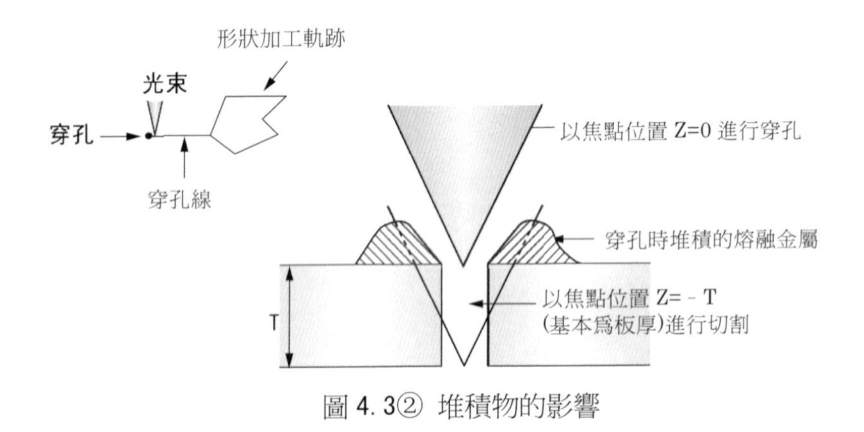

圖 4. 3② 堆積物的影響

（2）縮短氣體的切換時間

如圖 4. 3④所示，先用氧氣把所有的穿孔加工都完成，之後再返回到加工開始點，把輔助氣體切換成氮氣，將剩餘的氧氣徹底排除乾淨後再開始切割。採用這種方法的話，氣體只需切換一次即可，可節省排放氣路內剩餘氧氣的時間。

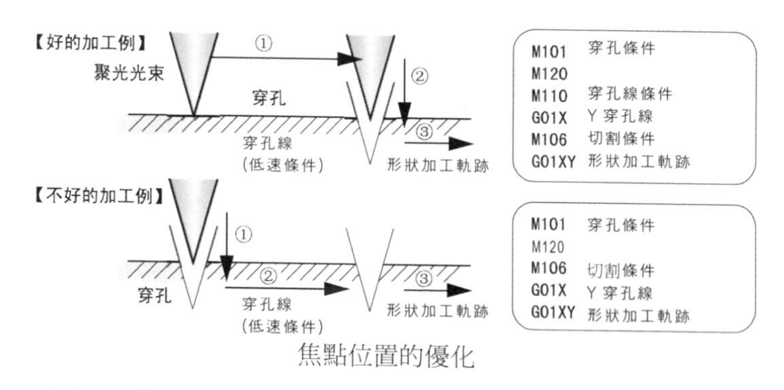

圖 4. 3③ 開始切割處不良的解決方法(防止反射)

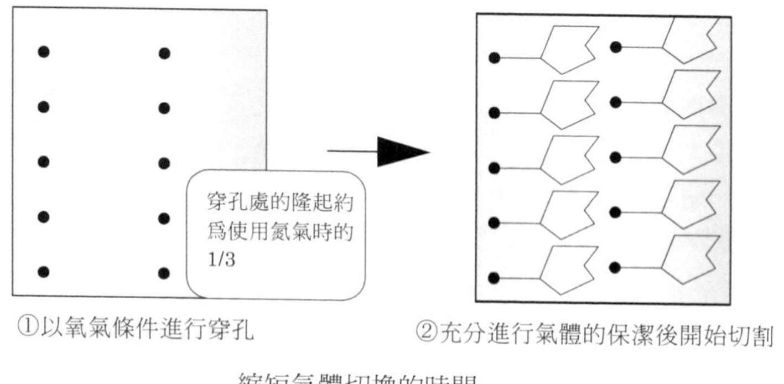

圖 4. 3④ 開始切割處不良的解決方法(保潔)

4.4 減輕用空氣或氮氣切割薄板時在尖角處產生熔渣的方法

【現象】

在不銹鋼的切割中，當輔助氣體採用空氣或氮氣時，將如圖 4.4①所示，會在加工形狀的尖角處或加工結束處的材料背面產生熔渣。

【原因】

加工機或加工頭是按照 NC 的設定速度移動的，但在移動軸進行轉換的尖角處或加工結束處，加工速度將會受加工機特性影響而減慢。一般情況下，加工機的雷射功率的設定都是固定不變的，這樣在加工速度減慢的位置處，雷射功率與速度的平衡就會被破壞（輸出功率過剩），會導致熔渣的產生（如圖 4.4②所示）。

【解決方法】

（1）通用的加工條件

在加工條件的設定上，儘量降低最大速度，以使整個加工軌跡中的最大和最小切割速度之差爲最小。切割速度無論是在最大還是最小，輸出功率都要相應設定爲熔渣產生量較少的條件。利用這種方法的缺點是，平均速度會降低，會使整個加工時間變長。

（2）修改軌跡

設計超程軌跡，使切割速度不致在尖角部或結束部降低。例如，將程式編制爲在尖角處做環狀超程處理的程式。做了環狀處理時，軌跡在加工方向的轉換處，就會變爲一個逐漸改變的過程，可避免切割速度的急劇下降。在內孔加工的結束處使用環狀超程程式，也可以在不降低切割速度的情況下切出內孔。但當尖角附近有產品，或尖角的內側和外側都是產品時，將不能使用此方法。

（3）NC 的控制

針對這個問題，當前已開發出了相應的控制功能。即通過對加工機切割速度的常時檢測，來實現雷射輸出功率配合切割速度的變化自動調整爲適當值的功能。

原理如圖 4.4③所示，當切割速度在尖角處減速時，雷射輸出功率也相應降低。在加工結束處也是一樣，輸出功率會隨著切割速度的減速而自動降低。

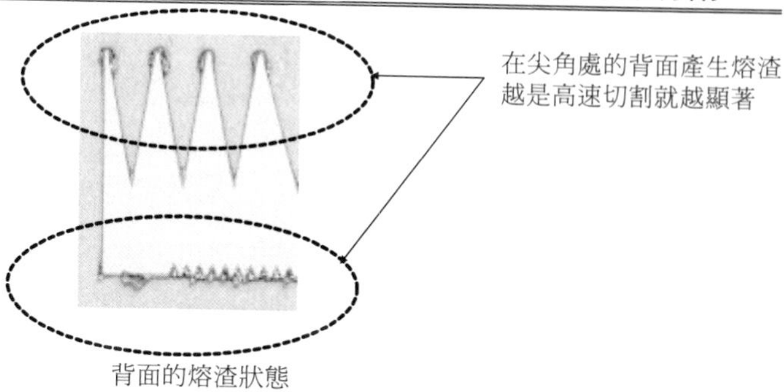

圖 4. 4① 尖角處背面的熔渣黏著

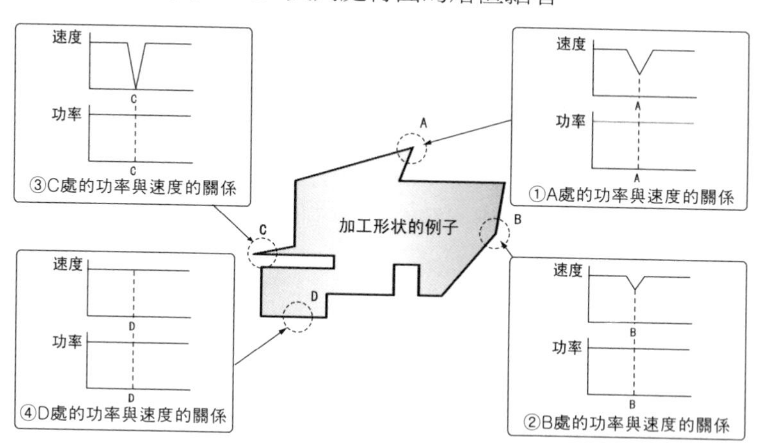

圖 4. 4② 尖角處的功率與加工速度的關係

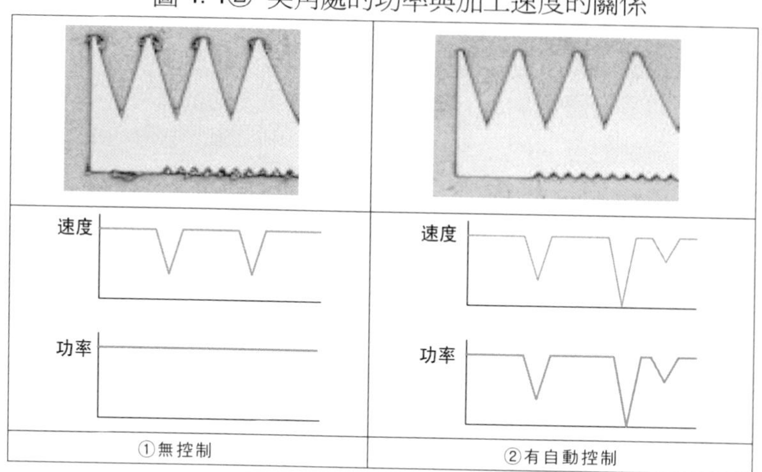

圖 4. 4③ 尖角處的功率控制

4.5 解決不銹鋼厚板氮氣切割時產生熔渣的方法

【現象】

熔融金屬如不能被從切縫中順利排出，則會黏著在被加工物的背面形成熔渣。如果是沒有用過的材料，則品質不好的原因可能是因爲加工條件不合適所致，需要對條件參數進行調整。而以下論述的將是曾經切割良好但現在卻出現了問題的情況。

【原因】

是否能把熔融金屬從切縫中順利排出，離不開能把熔融金屬向下推出的適當輔助氣壓，以及能充分發揮這一排出效果的切縫形狀及熔融物流動的連續性。熔渣產生的原因如圖 4.5①所示，主要有：（1）切縫寬度的尺寸偏離了初期的最佳值，變窄了或變寬了，（2）加工形狀影響了熔融金屬流動的連續性。

【解決方法】

（1）切縫的變化

不銹鋼的無氧化切割不同於碳鋼切割，焦點位置要設定在材料內部（Z＜0），以提高雷射的熔融能力和增加切縫的寬度。如果焦點位置設定不當而偏離最佳值，則切縫內熔融金屬的流動性會變差。當焦點過淺時，熔渣會比較銳利，而當焦點過深時，熔渣會呈球狀，調整焦點位置時可以根據熔渣的形狀來尋找最佳位置。

如果熔渣是隨著加工的進展而逐漸增加、切縫寬度逐漸變化，則原因就是雷射的照射使光學元件升溫，產生了熱透鏡效應。此時，需要清洗透鏡或 PR 鏡。

（2）加工形狀的影響

當雷射經過尖角前端後，輔助氣流突然變得不穩定時，或功率與速度的平衡因切割速度的急劇變化而遭到破壞時，是很容易生成熔渣的。解決方法就是降低加工條件中加工速度的設定（圖 4.5②）。尖角的角度越小，低速條件設定就越有效。另外，在由低速向高速條件的轉換中，也需要將速度轉換設定爲分步進行的過程。

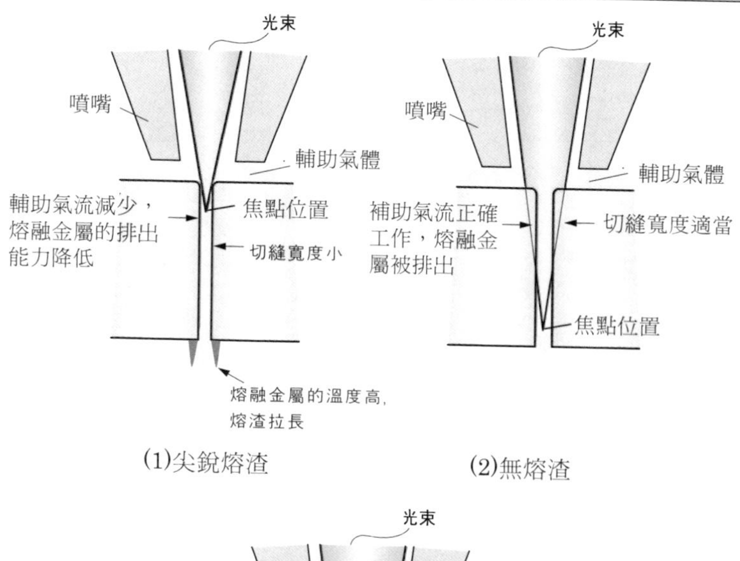

(1)尖銳熔渣

(2)無熔渣

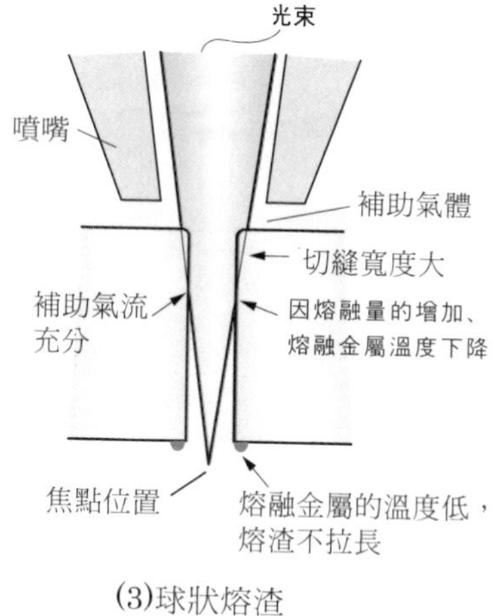

(3)球狀熔渣

圖 4.5① 焦點位置與切割現象的關係

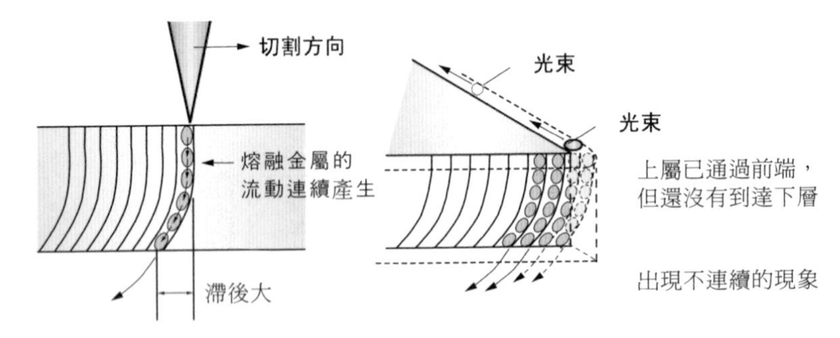

(1)高速條件

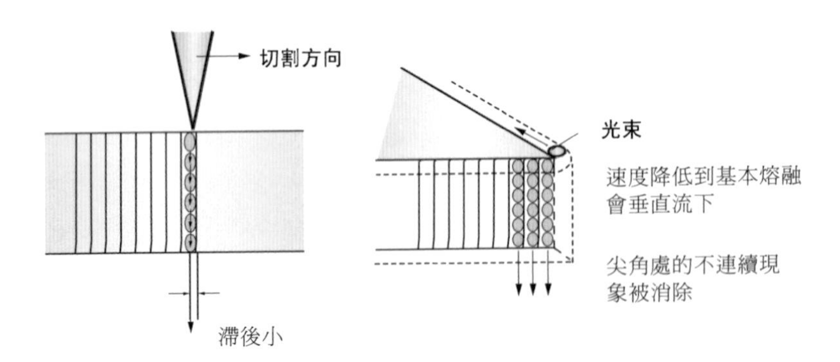

(2)低速條件

圖 4.5② 尖角處的加工現象

4.6 不銹鋼提取多個加工中的切割餘量（間距）

【現象】

在雷射切割中，零件與零件間的餘量（間距）會影響到材料的利用率。在材料費高漲的今日，諮詢如何可減少餘量的客戶絡繹不絕。餘量過窄，則切割中所產生的熱能會影響到下一個零件，使加工品質受到影響。

【原理】

如果加工形狀基本上都是由直線構成，並且無需設定補償，精度公差也可在切縫寬度範圍內，則可嘗試使用共邊切割（如圖 4.6①所示）。這種做法不但可提高利用率節省材料費，還可以節省共邊部分加工路線的加工，大幅縮短加工時間。如果是同一形狀的重複，則加工程式編制起來也很簡單，如果是多個不同形狀的加工，則可以將 5、6 個形狀的組合作爲一個程式，再將該程式進行反復即可。

對於需要設定補償的形狀，或不能進行共邊切割的形狀（R 形狀）進行提取多個加工時，需要在零件與零件間設置一定寬度的間距（如圖 4.6②所示）。而這個寬度應該設置爲多少將是個疑問。一般情況下，會因加工板厚而異，程式編製上的參考標準是：厚板時爲板材厚度的一半左右，即當板厚爲 12mm 時爲 6mm，板厚爲 16mm 時爲 8mm；中板厚度時是板材的厚度；薄板時是板厚的 2～3 倍左右，即板厚爲 2mm 時爲 4mm，板厚爲 1mm 時剩餘量爲 3mm 左右。表 4.6①所示爲各種板厚時的餘量參考值。

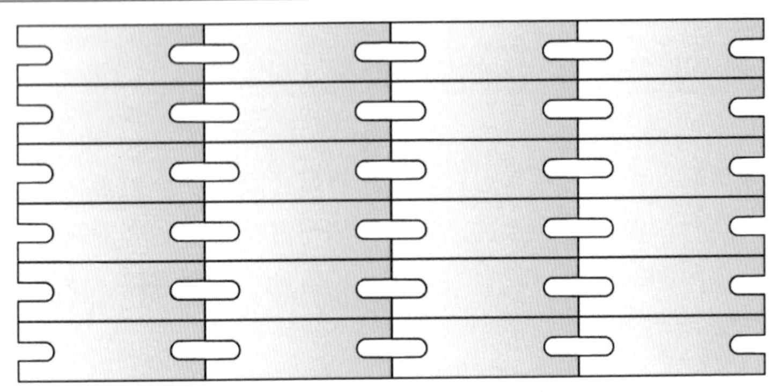

共邊切割中沒有切割餘量(間距)

圖 4.6① 共邊切割示例

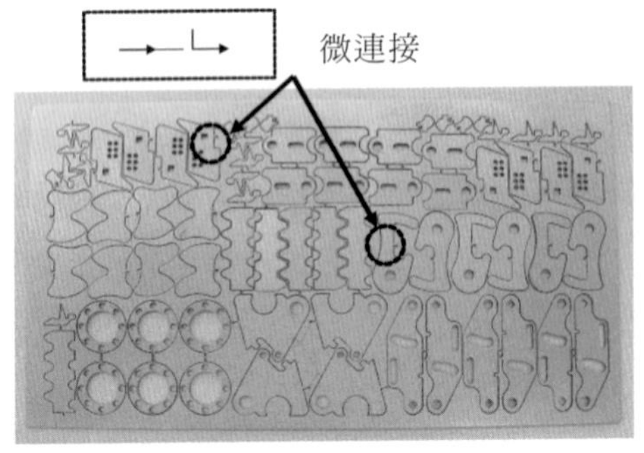

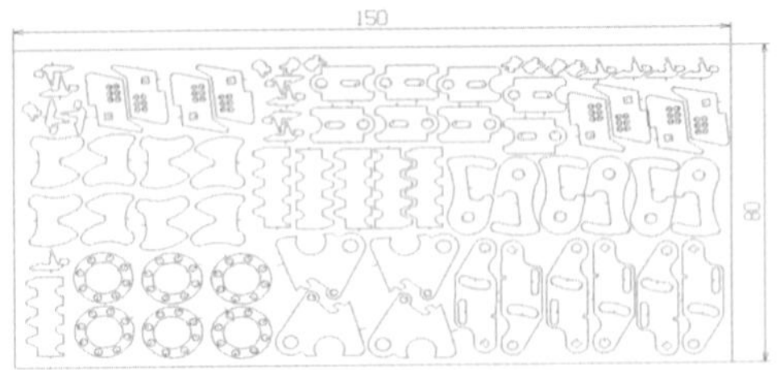

圖 4.6② 排版示例

表 4.6① 切割餘量的參考標準

板厚	餘量	標準
1mm	5mm	板厚的 3 倍
2mm	4mm	板厚的 2 倍
4.5mm	4.5mm	板厚的 1 倍
6mm	6mm	板厚的 1 倍
12mm	6mm	板厚的 1/2 倍
16mm	8mm	板厚的 1/2 倍

4.7 如何尋找不銹鋼無氧化切割時的最佳焦點位置

【現象】

如圖 4.7①所示，在無氧化切割中，加工品質會產生缺陷的主要原因是熔融金屬因冷卻而凝固在被加工物的背面，形成熔渣。熔渣的高度、量、形狀將根據加工條件或加工形狀而有所差異。以下將對影響切割品質最大的焦點位置進行論述。

【原因】

雷射聚焦後的焦點直徑或射向材料的入射角會隨著焦點位置的不同而改變，而發生的變化如圖 4.7②所示。焦點直徑越小，能量密度就越大，熔融金屬就越容易升爲高溫。反之，如果焦點直徑大，則熔融金屬量會變多，溫度會下降。熔融金屬的溫度高時，黏稠性會較低，在切縫內的流動性好，易於將其從切縫中排出。切縫寬度窄時，則能通過的輔助氣體量也會很少，能把熔融金屬推向下方的能力也就會很低。另外，切縫形狀在板厚方向上的變化也會影響熔融金屬的流動狀態。

【解決方法】

根據熔渣的黏著狀態來調整焦點位置，當焦點位置過淺時，熔渣的前端會較尖銳，反之，當焦點過深時，則熔渣將呈球狀。請根據熔渣的形狀、量來尋找如圖 4.7②所示的最佳焦點位置。

（1）前端尖銳的熔渣

尖銳的熔渣是在排出熔融金屬的輔助氣壓不足時形成。雖然高能量密度會使熔融金屬成爲高溫，但是上部的切縫寬度過窄時，將不能使足夠的氣體進入切縫內，而此時熔融金屬的黏稠性又低，會向切縫下方大幅度伸展，從而形成較銳利的熔渣。解決方法就是把焦點位置向下移，加寬上部的切縫寬度。

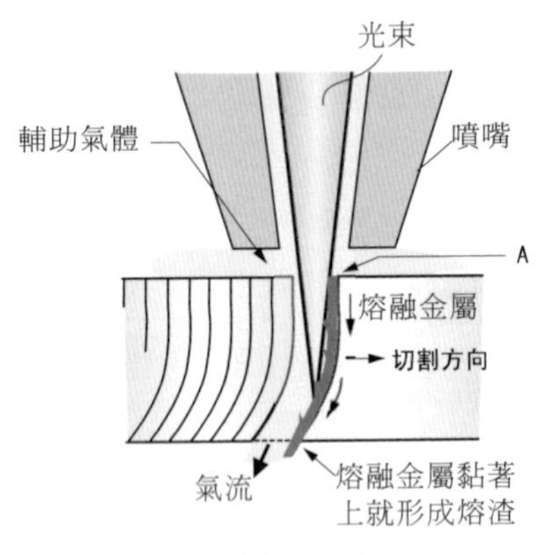

(1)截面圖

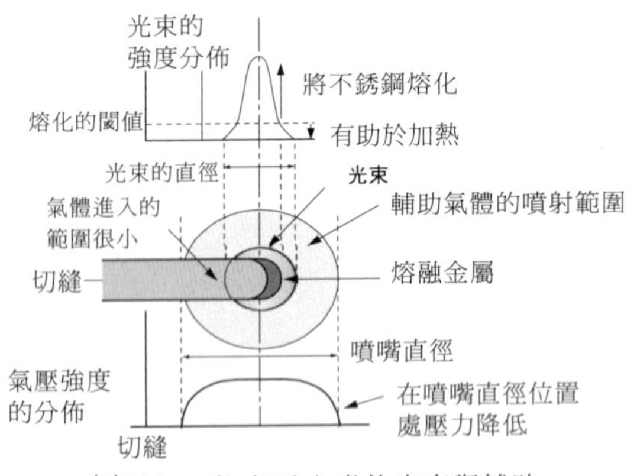

(2)被加工物表面 A 處的光束與輔助氣體的強度分佈

圖 4.7① 熔渣的產生狀態

(2) 球狀熔渣

焦點位置過深時，切縫上部會比較寬，而下部又會急劇變窄，將會產生很大的錐度。切縫橫截面面積的增加，會使熔融金屬的量增加，溫度降低。低溫熔融金屬的流動性比較差，會在切縫下部冷凝。此時，需要減少切縫截面面積，提高熔融金屬的溫度。

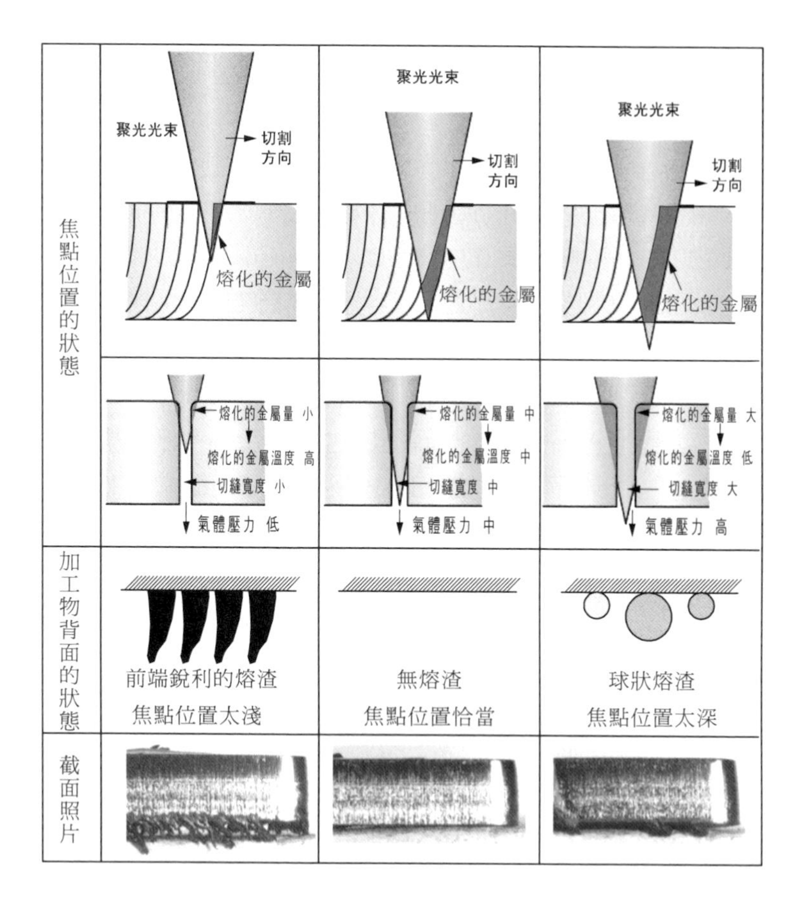

圖 4.7② 焦點位置與熔渣的關係

4.8 等離子體切割面的切割方法

【現象】

在不銹鋼的無氧化切割中，輔助氣體使用的是高壓氮氣，加工的板材厚度越大，就將需要更大的噴嘴直徑，輔助氣壓也要設定得很高，氣體的消耗量會很大。

減少氣體消耗量的方法之一就是，讓切縫內產生等離子體，利用等離子體的熱能進行切割。在一般的雷射加工中，等離子體會使加工能力或加工品質變差，而在不銹鋼的無氧化切割中，利用等離子體進行切割則可使氣體消耗量削減 20～30%。

【原理】

如圖 4.8①所示，普通無氧化切割時的加工條件是把焦點位置設置在板厚的內部，將輔助氣體設為高壓條件。但是，如果要讓所產生的等離子體能封閉在切縫內，就需要將加工條件設置爲能使熔融金屬溫度更高、等離子體有成長環境的條件。

具體的設定方法如下:

① 焦點位置向下設置的量比通常的無氧化切割要小。這樣就可以得到能量密度更高的雷射。

② 輔助氣壓的設定要低於通常的無氧化切割。這樣就可以把等離子體封閉在切縫內。

③ 噴嘴直徑要比通常的無氧化切割時的直徑小。這也是爲了能把等離子體封閉在切縫內。

④ 噴嘴與被加工物間的間距要略大於通常的無氧化切割。這是爲了在噴嘴與被加工物間創造等離子體的成長空間。

圖 4.8②所示爲 16mm 厚的 SUS304 材料的普通切割面與等離子體切割面的對比圖。等離子體切割面從上方到 2mm 以內範圍的粗糙度良好，2mm 以下的切割面則比較粗糙。因爲等離子體一旦產生，極大的金屬蒸發壓力也就會應運而生，這個壓力在把熔融金屬從切縫內排出的同時又會使切割面變得粗糙。

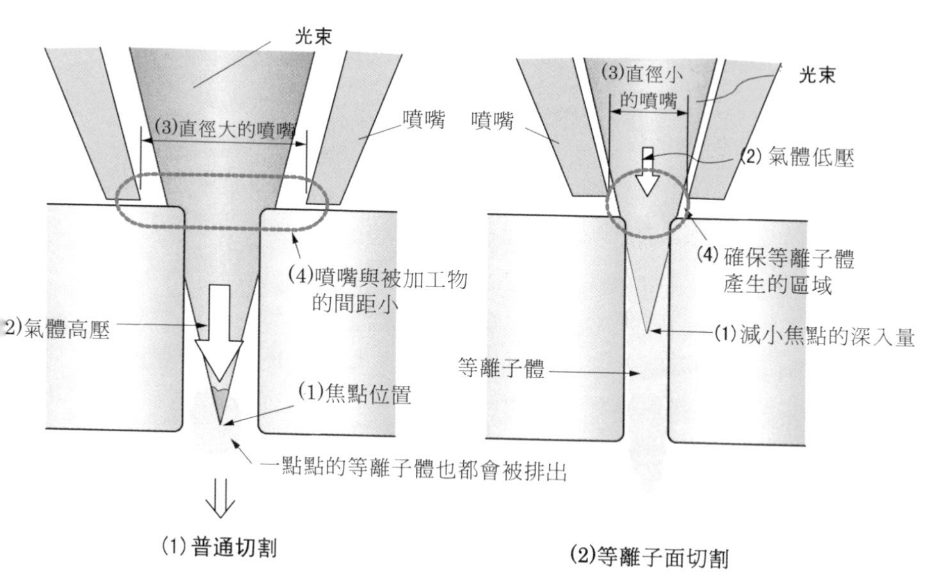

圖 4.8① 等離子體的產生

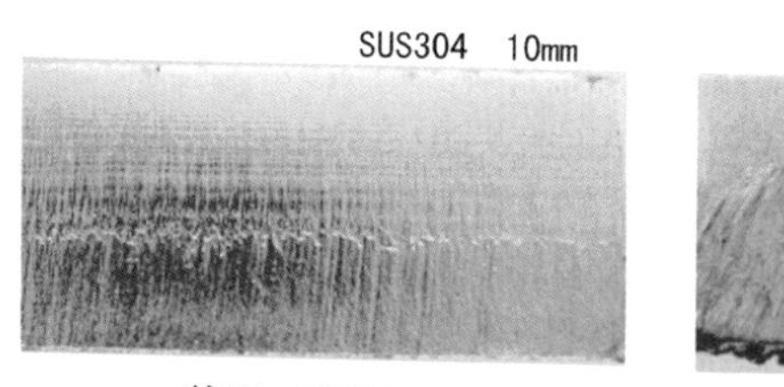

普通（亮面）切割

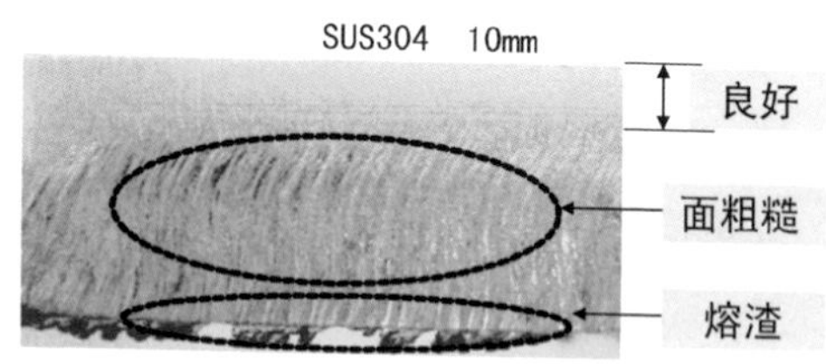

等離子面切割

發振器	最大板厚	普通（亮面）切割		等離子面切割	
		切割速度	噴嘴（氣壓）	切割速度	噴嘴（氣壓）
2kW	8mm	0.5m/min	φ3.0(1.4MPa)	同左	同左
	12mm	–	–	0.25m/min	φ3.0(1.6MPa)
4kW	12mm	0.5m/min	φ3.5(2MPa)	0.6m/min	φ3.0(1.5MPa)
	20mm	–	–	0.2m/min	φ4.0(1.6MPa)

圖 4.8② SUS304 10mm 的切割面與加工條件

等離子體具有吸收雷射的特性，雷射的照射有助於等離子體的連續產生。雖然此方法將會受板材厚度限制，但在提高切割速度、減少輔助氣體消耗量上不失爲行之有效的方法。

4.9 解決厚度小於 0.1 毫米不銹鋼切割不穩定的方法

【現象】

在切割薄板材料時，焦點位置的微小變化都會影響到加工性能。在厚度小於 0.1mm 的超薄板切割中，如果材料的支撐件使用普通的錐體狀或板條狀支撐件，則加工材料的穩定支撐會變得比較困難（如圖 4.9①所示）。

【原因】

在超薄板的低輸出功率條件下，微小的焦點偏離都會引起雷射在材料表面的反射，嚴重降低熔融能力。切割中的加工氣體壓力、熱影響下的材料變形等都會引起反射。對於這類超薄板，加工時可使用如圖 4.9②所示的方法。

【解決方法】

（1）簡易輔助工具

用壓克力板或 1～2mm 厚的鐵板切割出一個比加工形狀略大的視窗，然後將超薄板加工材料黏貼在上面進行切割。不過，用此方法時，如果加工形狀的尺寸較大，且視窗的中心部有加工位時，就很難不產生凹陷，加工起來比較困難。

（2）蜂巢鋁板

把加工材料放在蜂巢鋁板上進行加工就可減少被加工物的凹陷，焦點也不會偏離。缺點就是材料與蜂巢鋁板相接觸的底面部分容易出現劃痕或被弄髒。

（3）支撐工具

運用加工程式，在壓克力板或鐵板上切割出一個比切割形狀大 1mm 的形狀，再把加工材料黏貼在上面進行切割。這樣可以將支撐準確把握在加工形狀的近旁，能更進一步提高加工的精度。

（4）同時切割

是把壓克力板或厚紙、膠合板等作爲支撐材料來使用，把加工材料黏貼在支撐材料上面，切割時連同支撐材料一起切割的方法。不過需要注意的是，支撐材料所釋放出的氣體有可能會弄髒加工材料的底面。

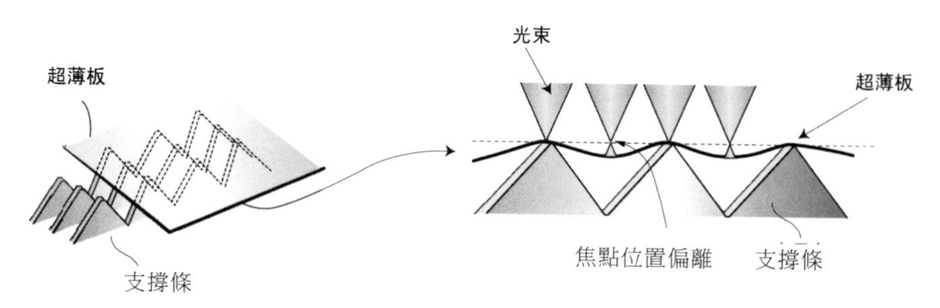

圖 4.9① 超薄板切割中的焦點位置偏離

方法(1)

在壓克力板或 1~2mm 厚的鐵板上切出個方孔，然後將超薄板放在上面，用膠帶黏上後再進行加工

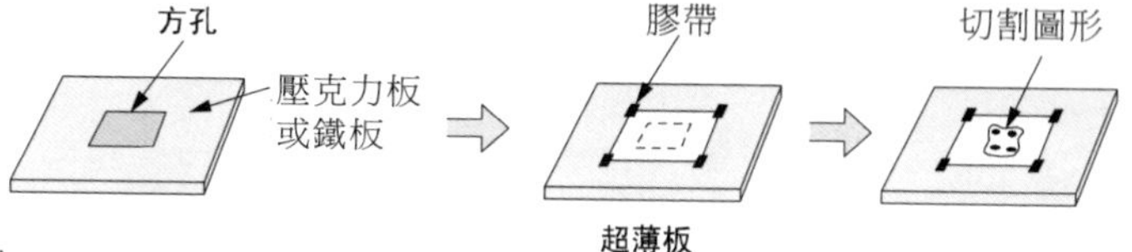

方法(2)

購買蜂巢鋁板，將材料放在上面加工

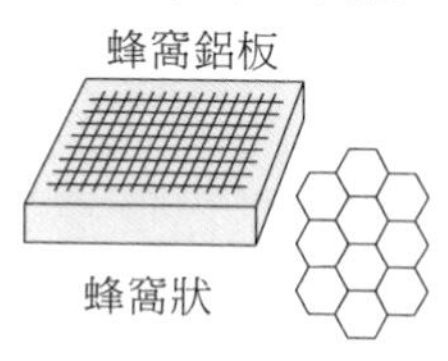

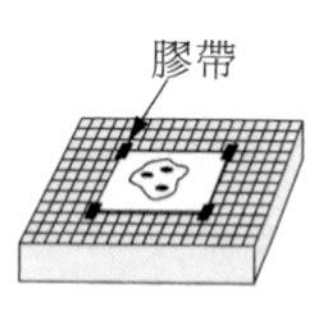

圖 4.9② 超薄板的切割方法(1)

(5) 重疊切割

單張的加工材料會凹陷，但如果數十張重疊起來，則板厚變大，變形會相應減少，可以實現穩定加工。將材料重疊起來進行加工時，熔渣產生時基本上都是產生在最底層的板材上，此時可將最底層的板材作爲棄材來考慮。

方法(3)

切出一個比壓克力板或鐵板的加工圖形大 1mm 左右的形狀(向外側偏置 1mm)，把材料固定在上面進行加工(加工時需要對齊位置)

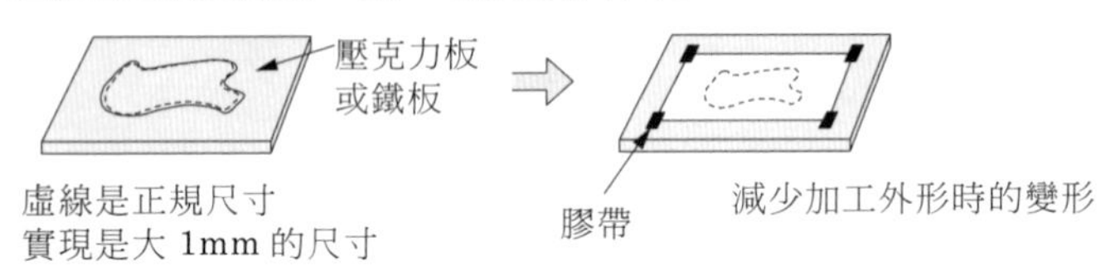

方法(4)

把材料貼在木材或壓克力板上，上下同時切割

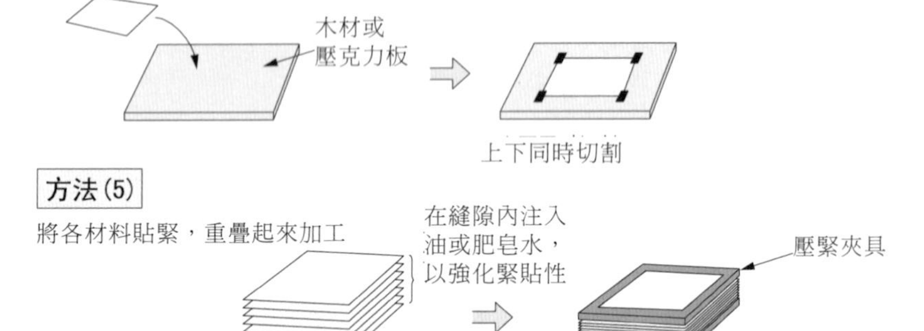

方法(5)

將各材料貼緊，重疊起來加工

在縫隙內注入
油或肥皂水，
以強化緊貼性
壓緊夾具
壓緊夾具

圖 4.9② 超薄板的切割方法(2)

4.10 減少不銹鋼無氧化切割背面燒痕的方法

【現象】

在不銹鋼的無氧化切割中，被加工物的表面不產生燒痕，而在背面則沿著切口的兩側發生，且板越厚，燒痕就越寬，顏色也越深（如圖 4.10①所示）。

【原因】

如圖 4.10②所示，被加工物的背面之所以會產生燒痕，是因爲切縫周圍在受熔融金屬的影響變成高溫後，其高溫部分與空氣中的氧氣相接觸而被氧化所致。被加工物表面因爲切縫周圍因被從噴嘴噴出的氮氣所遮罩，阻擋了與空氣的接觸，因此不會產生燒痕。而背面則因爲穿過切縫的氮氣並不能在背面形成遮罩，高溫部分接觸到空氣就會形成燒痕。

【解決方法】

如圖 4.10③所示，要防止在背面產生燒痕，就需要儘量避免背面切縫附近溫度的上升及其與空氣的接觸。

（1）減少溫度上升的範圍

通過提高輔助氣體壓力的設定來加快熔融金屬的排出速度，再把切割速度也設爲高速條件，就可起到防止切縫周圍的溫度上升，及在雷射經過後切縫周圍可迅速得到冷卻的作用。

（2）防止和空氣的接觸

防止切縫周圍接觸到空氣。可以通過在材料的表面塗抹隔離膜，來阻止材料表面與空氣的直接接觸。在切割前先在被加工物的背面塗抹熔渣防止劑，而後再進行切割，就可達到防止被加工物切縫周圍的高溫部分與空氣相接觸的目的。

（3）除去氧化層

市場上有用來去除金屬材料氧化層的藥劑。酸性水溶液狀的比較普遍，使用方便效果也比較好。使用上的注意事項是，一定要避免添加或混入會與酸發生分解反應或會分解釋放出氣體的物質。

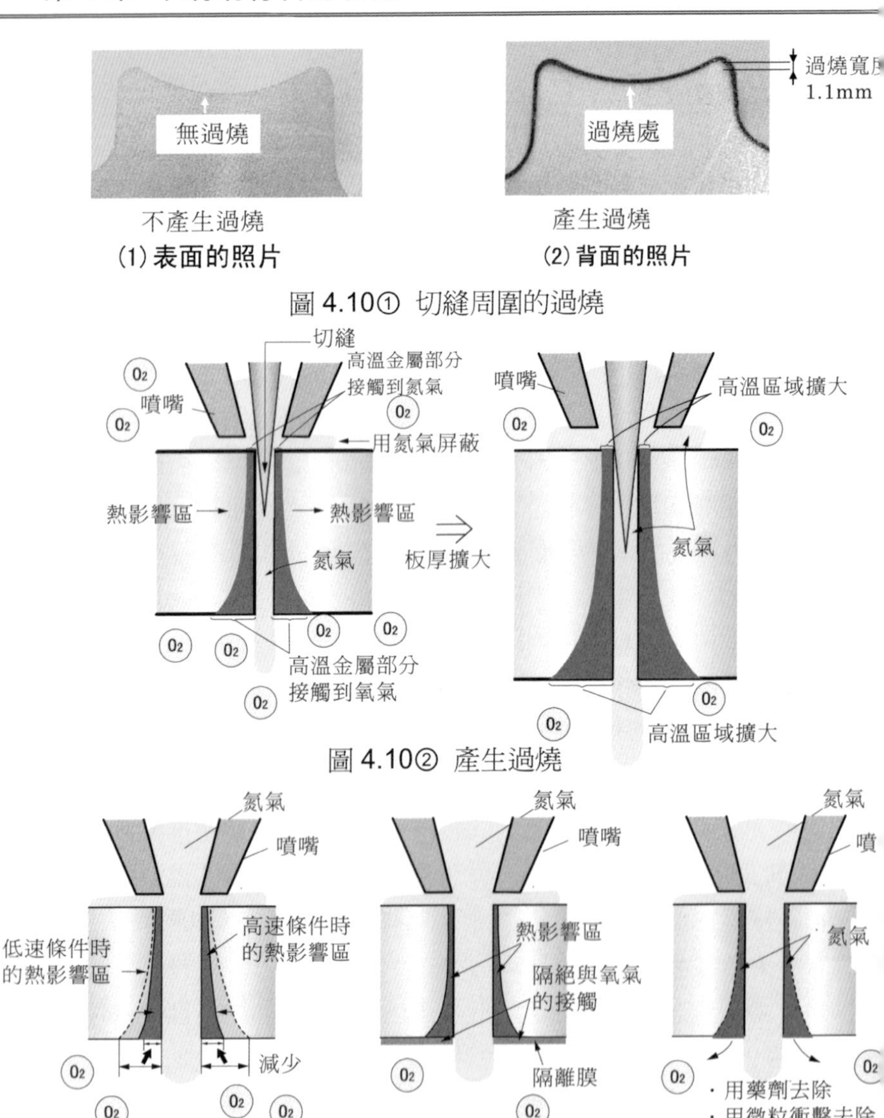

圖 4.10① 切縫周圍的過燒

圖 4.10② 產生過燒

圖 4.10③ 過燒的解決方法

還有利用噴砂加工的原理，向氧化層噴射石粒或橡膠材料等，來達到研磨表面目的的方法。磨料要根據對材料表面粗糙度或光潔度的要求進行選擇。

4.11 直接切割貼膜不銹鋼的方法

【現象】

有些不銹鋼在表面貼有保護膜用以防止劃痕。對於此類材料，以往的做法就是在切割前先把保護膜剝離，再進行切割，切割後再把保護膜貼上。然而當今市場上更多的是要求要在貼膜的情況下將不銹鋼一次性進行雷射切割。貼膜不銹鋼切割起來有時切割效果會很好，而有時卻會在切割過程中發生保護膜剝離的情況。

貼膜不銹鋼中還有兩面都貼膜的材料。用雷射切割時，兩面貼膜材料的背面是非常容易產生熔渣的。

【原因】

表面保護膜剝離的原因如圖 4.11①所示，在切割中沒進入切縫的輔助氣體將向被加工物的表面擴散，侵入保護膜與材料表面間的間隙內，使保護膜發生剝離。剝離的主要原因有雷射加工條件原因和保護膜材料原因（如圖 4.11②所示）。

（1）加工條件原因

保護膜受雷射照射，其邊緣的熔融狀態將會影響到剝離狀況。保護膜邊緣的熔融範圍大時，黏合劑的強度就會因被加熱而降低，從而爲剝離創造突破口。

（2）保護膜材料原因

如果保護膜和金屬材料的黏合性低，則加工中所產生的熱能會使保護膜的收縮力起作用，使保護膜邊緣剝離。輔助氣體再以邊緣處爲突破口，從保護膜與材料間的間隙瞬間侵入，引起大面積的剝離。

【解決方法】

（1）加工條件原因

在切割保護膜時，要讓切割邊緣的雷射光束模式的強度成急勢分佈，並注意不要讓雷射出現紊亂。速度條件要設爲高速條件以減少雷射對保護膜的熱影響。另外，加工形狀中的尖角或直徑小的圓孔部分也很容易出現剝離，需要通過設置 R 等來對形狀進行修改。

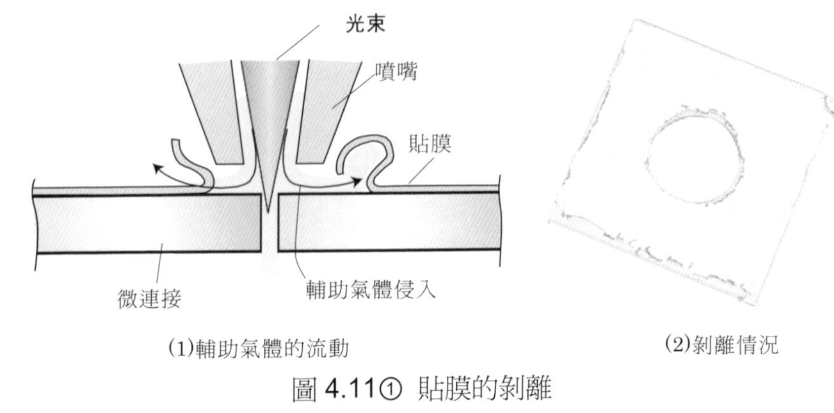

圖 4.11① 貼膜的剝離

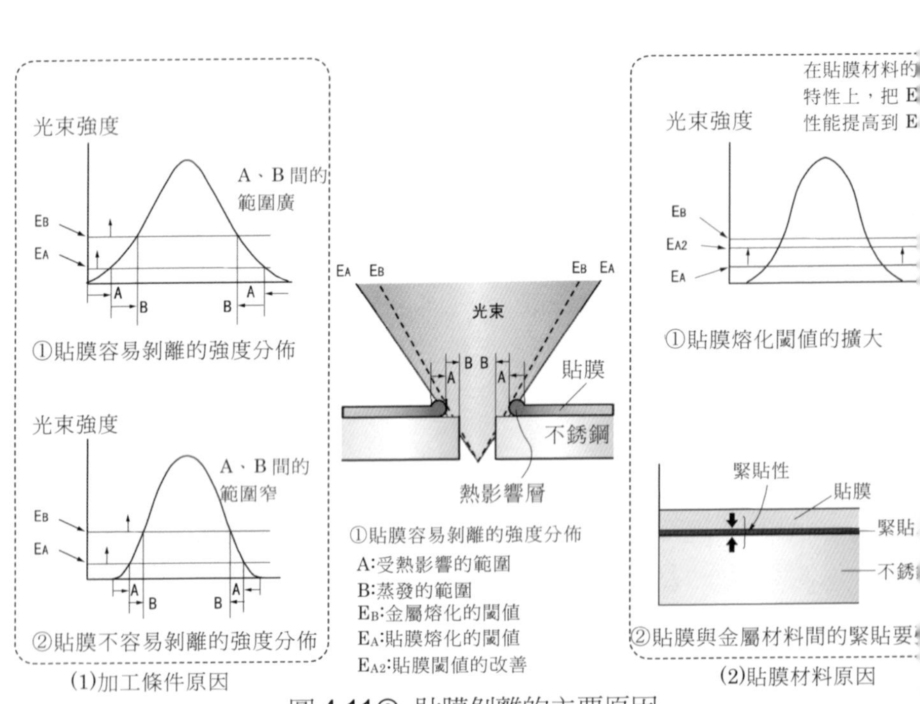

圖 4.11② 貼膜剝離的主要原因

（2）保護膜原因

目前有些保護膜廠家也供應在黏合性、耐熱性上得到了強化的雷射切割專用保護膜材料，不過使用時需要事先對其性能進行確認。對於雷射切割背面貼膜的研究當前也是有一定進展的。

4.12 減少 1 毫米厚板材在加工中產生變形的方法

【現象】

在切割不銹鋼的細長條形狀時，會出現短軸寬度（範例是 50mm）在兩端和中央部存在差異的現象。範例如圖 4.12①所示，兩端爲 50mm，而中央部則是 49.7mm，相差 0.3mm。

【原因】

如圖 4.12②所示，主要原因是切縫部分熔融金屬的熱使被加工物溫度升高，切割將在材料的高溫狀態繼續，切割後溫度降低，加工形狀收縮就會導致上述誤差。另外，加工形狀在大約 0.5mm 寬的切縫內發生偏移也是導致切割尺寸上出現誤差的原因。

【解決方法】

加工形狀在切縫內偏移時，可以通過在加工形狀與加工形狀外材料間設置微連接來解決。設置微連接的方法是，在切割的中途暫停，而後稍移加工軌跡再繼續切割。設置微連接，可強制性保持加工形狀與加工形狀外材料間的間距，起到防止變形的作用。

熱膨脹材料在切割後所出現的冷縮現象也表現在長邊方向尺寸的變小。解決這個尺寸變化的方法是，把加工形狀用 NC 程式按收縮比例進行補償。NC 上有縮放功能，單軸方向或雙軸方向的尺寸都可以按照任意倍率進行縮放。

另外，有時加工上還會對孔與基準位置間的間距精度要求很嚴。圖 4.12③所示爲對因熱變形而導致的尺寸誤差進行補償的程式編製方法。把加工形狀根據距基準位置的距離，分成多個(例如 A、B、C)部分，並將其副程式化。分別將各副程式套入距程式基準位置 X_0 的距離爲 H_A、H_B、H_C 的位置處。根據尺寸誤差對該 H_A、H_B、H_C 距離進行調整，這樣熱變形的補償會就變得比較容易。

在熱軋碳鋼材料的加工中，偶爾會出現不同加工位置處變形量不同的現象。這可能是因爲鋼材在軋製的冷卻中，材料兩端沒有得到充分冷卻，殘留應力存在而致。應力在雷射切割中被釋放，從而產生變形。

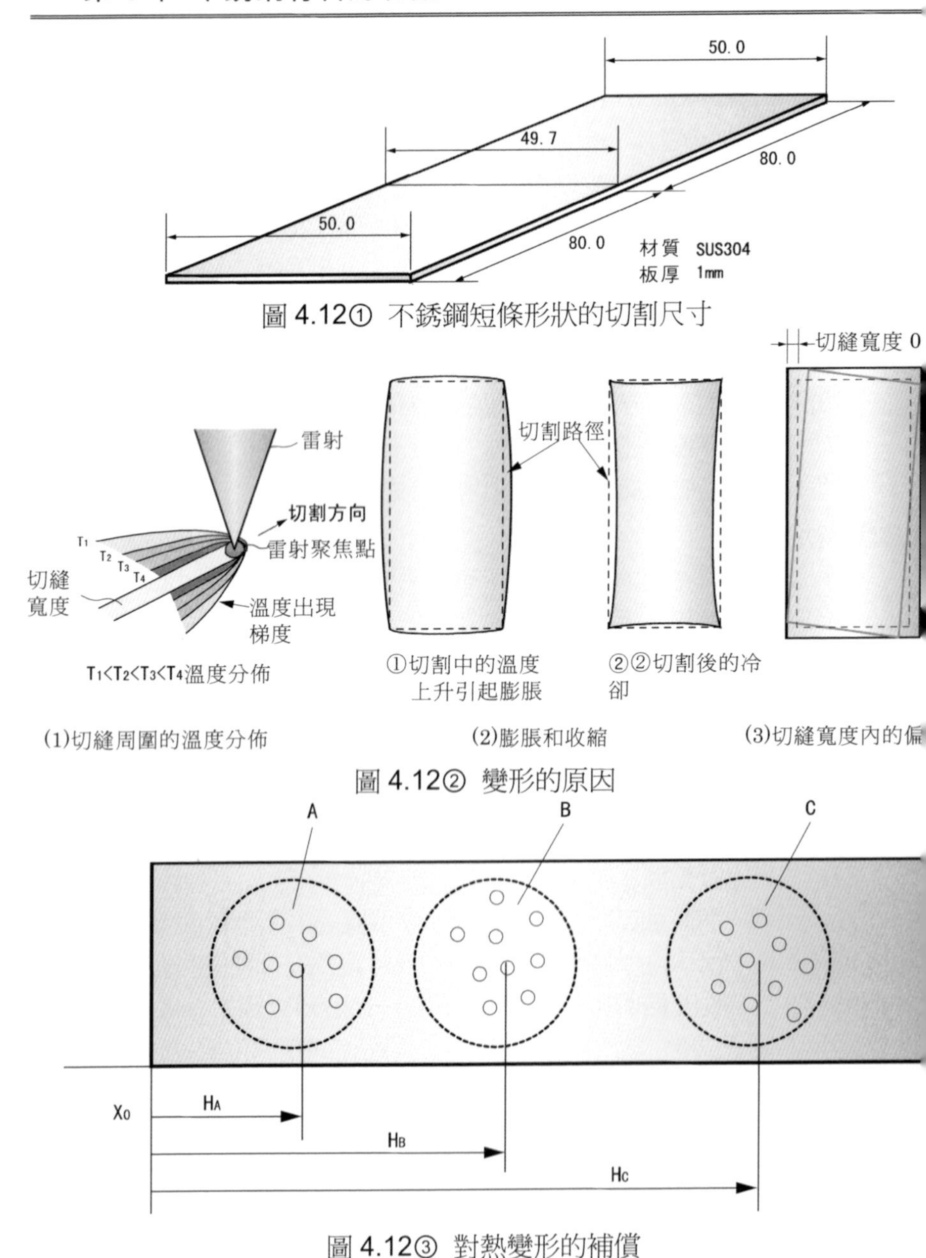

圖 4.12① 不銹鋼短條形狀的切割尺寸

圖 4.12② 變形的原因

圖 4.12③ 對熱變形的補償

4.13 選擇適合於不銹鋼無氧化切割的噴嘴

【現象】

進行厚板的無氧化切割時，即使是很微小的條件變化也會導致品質變差、出現掛渣等。合適的噴嘴可在切割條件受到外部干擾時起到將熔渣限制在最小限度的作用。

在薄板的無氧化切割中，高速切割時會很容易產生等離子體，影響切割面的粗糙度。解決方法也是通過選擇合適的噴嘴來使加工保持穩定的。

【原因】

（1）厚板切割

輔助氣流在去除熔渣上起著重要的作用。離噴嘴的出口越遠，輔助氣體的氣壓就會變得越低。因而，被加工物越是厚板，則板厚的底面距噴嘴前端就會越遠，吹散熔渣也就會變得越困難。如圖 4.13①所示，能夠維持住高壓狀態的氣壓潛在核與噴嘴直徑是成正比的。在厚板切割中，高壓需要保持到板厚的底層，這就需要噴嘴使用直徑較大的噴嘴。

（2）薄板切割

在薄板的高速切割中，熔融金屬溫度的急劇上升將會引發等離子體產生。如圖 4.13②所示，當噴嘴與被加工物之間存在足夠使等離子體成長的空間時，將對加工品質產生影響。

【解決方法】

（1）厚板切割

如使用最適合於加工的大直徑噴嘴並將氣壓設爲高壓，則氣體的消耗量將會很大。如圖 4.13③所示，從噴嘴噴出的輔助氣體實際噴入到切縫內參與加工的比例是很小的，大部分都會散失在材料的表面。

如果把噴嘴與材料間的間距減小，則其效果就如給噴嘴蓋上個蓋子。在與實際加工相近的狀態下，分別測量噴嘴下有加工材料和開放（噴嘴下什麼也不放）時的氣體流量，結果是有加工材料時少 20～30%。

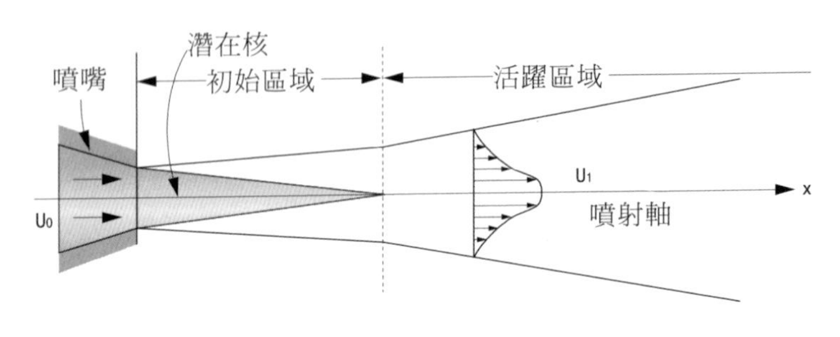

圖 4.13① 潛在核

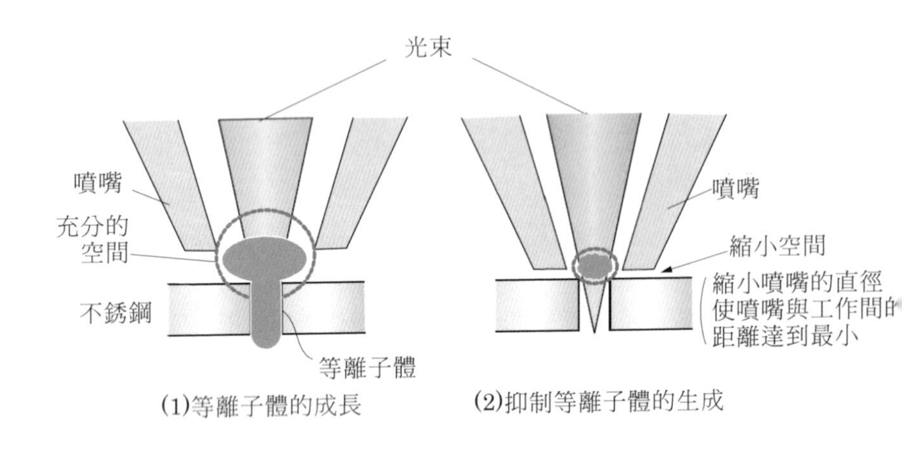

圖 4.13② 高速切割薄板時產生等離子體

(2) 薄板切割

要防止在噴嘴與工件間產生等離子體，就需要使用直徑小的噴嘴，並要儘量縮小噴嘴與材料間的距離（如圖 4.13②所示）。速度設定為 10m/min 以上時需要特別加以注意。

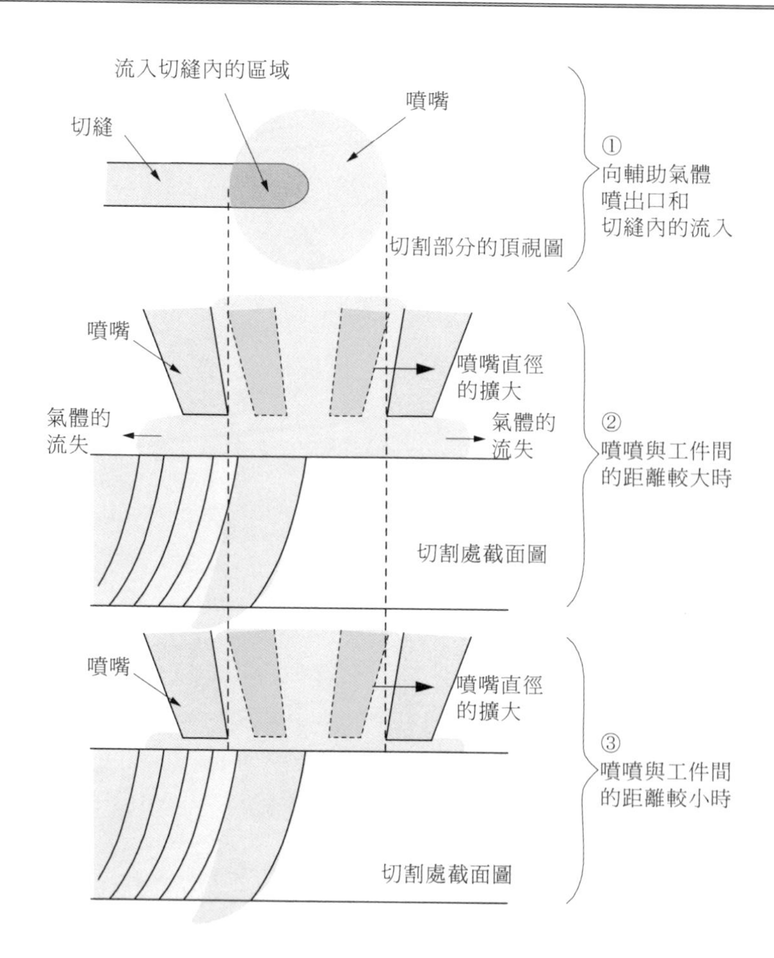

圖 4.13③ 切割厚板時的氣體流動

第 5 章

鋁合金材料的切割

鋁合金對雷射的反射率是極高的，切割鋁合金時需要在設有防反射措施的加工機上進行。充分理解雷射在加工材料表面產生的反射及加工材料內部的熱能流向所引發的現象，有助於提高加工性能實現更高品質的切割。

5.1 解決噴嘴與鋁合金的“鬚狀物”相接觸的方法

【現象】

穿孔時，熔融的鋁合金會在小孔的周圍呈纖維狀延伸。我們將這種纖維狀鋁合金熔融物稱作“鬚狀物”。如圖 5.1①所示，當噴嘴碰到這些“鬚狀物”時，加工機會停下來。

【原因】

一般情況下，噴嘴與工件間的間隔是通過感測器對該空間的靜電容量進行測量並加以控制的，焦點位置會維持在正確的設定上。但當噴嘴接觸到穿孔中所產生的“鬚狀熔融物”時，感測器會誤以爲是噴嘴與工件發生了接觸，而使雷射加工機停止。

【解決方法】

解決方法如圖 5.1②所示。

（1）“鬚狀物”是隨著雷射的照射而逐漸增加的，穿孔加工時間越長，“鬚狀物”就會越大。此時就需要儘量加大輸出功率，縮短照射時間（穿孔時間）。不過需要注意的是，輸出功率越大，小孔的直徑也會越大，飛濺到小孔表面的熔融金屬也會越多。

（2）“鬚狀物”的高度通常是 1～2mm。將穿孔時及從穿孔後起切的一定距離時（穿孔線）的噴嘴位置設置在“鬚狀物”高度之上，也可有效避免噴嘴與“鬚狀物”的接觸。不過，此時穿孔線的底部會出現掛渣。

（3）將穿孔後開始切割的一定範圍內之靜電容量感測器設爲無效也是有效解決方法之一。此方法需要使用加工機 NC 裝置上的功能，因此請事先確認所用加工機是否備有該功能。不過在使用該功能時需要謹慎，否則很容易發生噴嘴的碰撞。

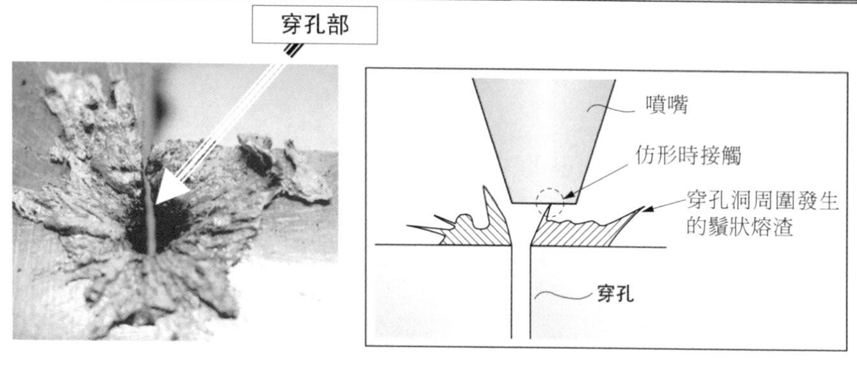

(1)板厚12mm　A5052　　　　(2)噴嘴與鬚狀熔渣的接觸

圖 5.1① 鬚狀熔渣導致的加工不良

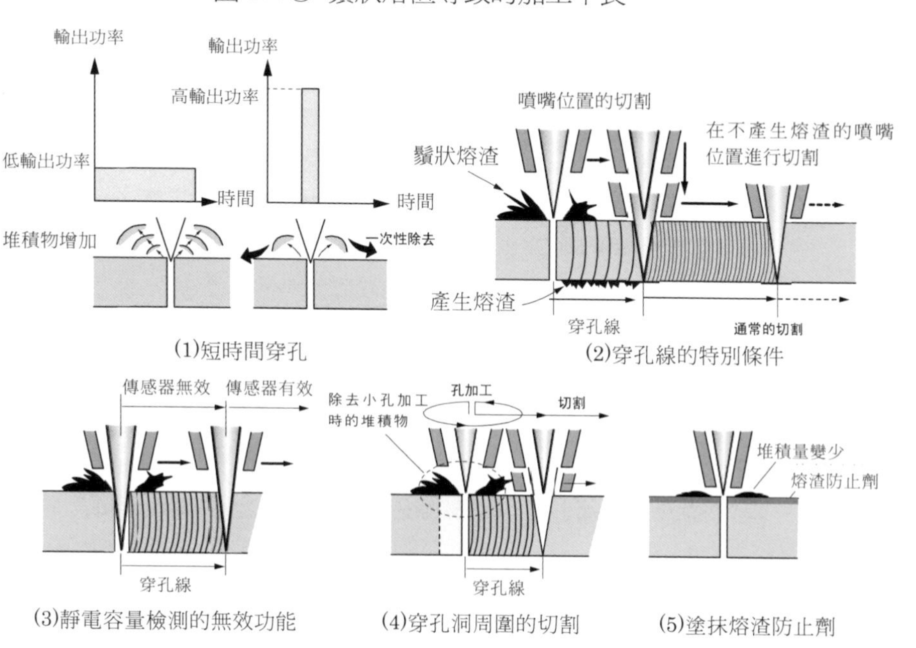

圖 5.1② 鋁材鬚狀熔渣的解決方法

(4) 當“鬚狀物”所產生的範圍較大時，切割中也會發生噴嘴與“鬚狀物”的接觸。此時可以採取將穿孔後小孔周圍的“鬚狀物”進行切除的方法來防止。具體做法是，在靜電感測器爲無效的狀態下，切割出一個以穿孔洞爲圓心、直徑爲 3mm 左右的圓孔，這樣就可以將“鬚狀物”也一同切掉。不過，這種方法將會耗費多餘的圓孔加工時間和切割成本。圓孔的直徑是根據熔融金屬飛濺的範圍而定的。

5.2 防止在厚板的轉角處產生逆噴的方法

【現象】

使用氮氣或空氣輔助氣體來切割鋁合金或不銹鋼時，如加工形狀中存在銳角，則加工就將變得比較困難。如圖 5.2①所示，在轉角尖端切割之後熔融金屬會馬上湧上到工件的表面，從而出現切縫難以形成、材料不可分開的情況。而且，板材越厚，這樣的情況就越容易發生。

【原因】

等離子體是指材料在雷射的照射下被局部加熱，因加熱而釋放出的高溫蒸氣在材料表面呈現出的等離子體狀態。如圖 5.2②所示，所產生的等離子體是會吸收雷射的。等離子體一旦產生，通過光束在切縫內的多重反射來實現的加工機制就會遭到破壞，使切縫難以形成，結果就會出現熔融金屬的向上逆噴現象。不過等離子體連續產生時的巨大蒸發壓力也是可以利用於切割的（請參閱另章的《等離子切割面切割》）。加工尖角時，在雷射經過轉角尖端部加工方向進行轉變的瞬間，熔融金屬在切縫內的流動及加工氣流都會出現紊亂，被加工物將局部處於高溫，並產生等離子體。轉角的角度越小，這樣的現象就越容易發生。

【解決方法】

（1）如圖 5.2③所示，先用高速度條件加工到轉角的尖端處，再把之後要改變方向加工的位置處設爲低速度條件進行加工。低速度條件要使用可以使轉角部熔融金屬的流動及氣流保持穩定的脈衝切割條件。之後再返回到高速度條件。

在從低速條件向高速條件的切換中，爲了防止在切換處切割面上產生切割缺陷，一般是採取先讓雷射返回到已用低速條件切過的位置處後再切換成高速條件進行再加工的方法。

另外，切割速度的急劇變化也會使熔融金屬的流動或輔助氣流變得不穩定，引發等離子體。加工方向轉變過來之後的切割速度應該是一個漸進提高的過程。

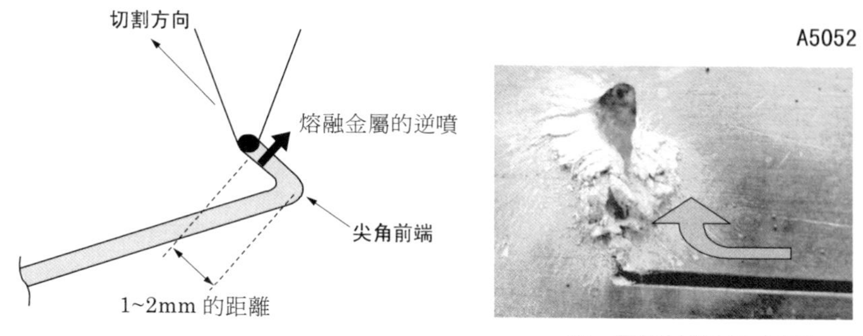

圖 5.2① 尖角部的逆噴

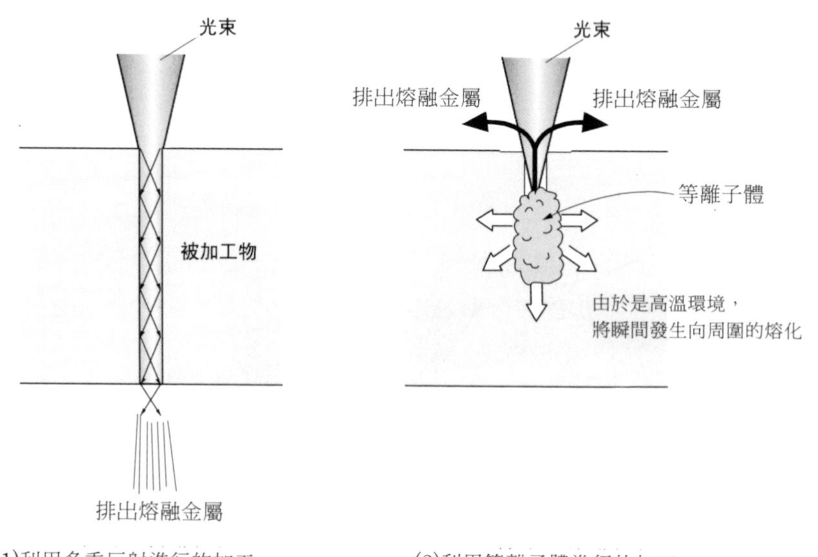

圖 5.2② 熔融金屬的產生原理

（2）改變加工路徑也可以改善加工的穩定性。通過在轉角的尖端部設置轉角 R 來改變加工軌跡也可以使被雷射熔融的金屬從切縫上部向下部順利流動，從而抑制等離子體的產生。

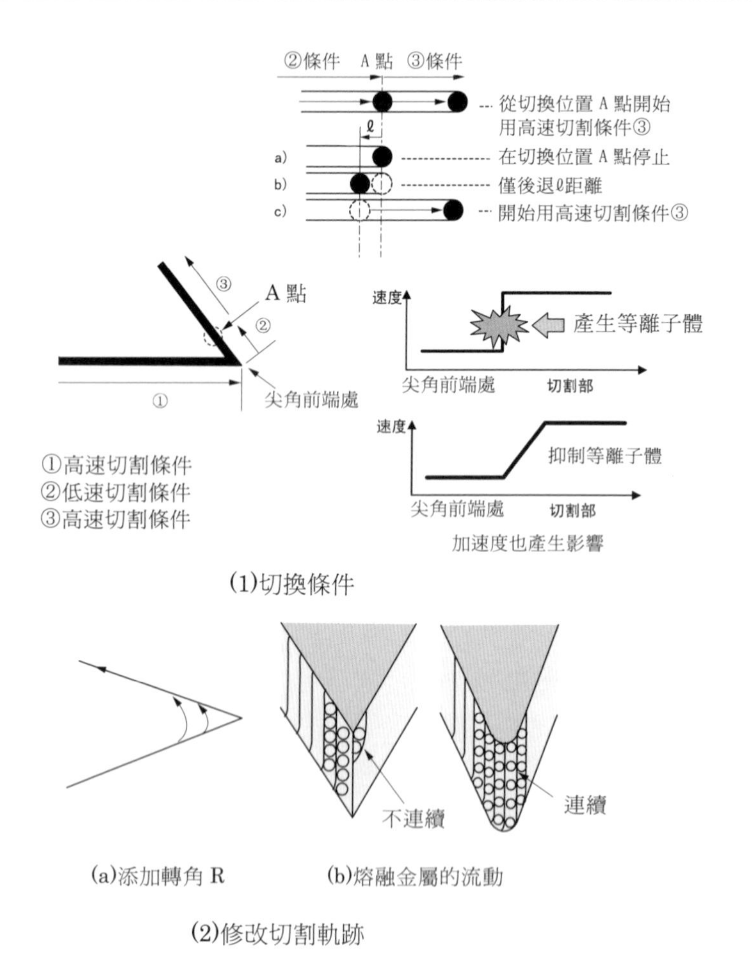

圖 5. 2③ 尖角處逆噴的解決方法

5.3 解決鋁合金刻線不穩定的方法

【現象】

鋁合金等高反射材料上的刻線是極易引起雷射的反射的，特別是在連續加工時更要在安全方面加以注意。一般情況下，用雷射切割用的加工機（CO_2 雷射）進行刻線加工，會很容易出現刻線呈斑點狀或完全刻不上的現象（如圖 5.3①所示）。如果加大輸出功率，刻線就又會變粗。

【原因】

刻線的加工原理就是讓加工材料表層的一部分產生熔融。這種加工用途僅要求吸收極少的雷射，對於鋁合金等高反射材料，刻線加工就變得非常困難。如果在材料表面沒有熔融的狀態下增加雷射的輸出功率，則極易成爲完全反射狀態，安全上也存在著問題。另外，鋁合金的熱傳導率很大，雖然加工上需要較大功率的加工條件，但在大功率條件下，材料一旦開始吸收雷射，熔融就會急劇擴展，刻線從而會變粗，刻線的表面品質也會變差。

【解決方法】

利用以下方法就可使加工達到在高反射材料的表面產生稍許熔融的效果（如圖 5.3②所示）。

（1）增加能量密度

加工透鏡要儘量使用焦點距離短的透鏡。透鏡的焦點越短，聚焦點的直徑就越小，小輸出功率的對材料可熔融能力就會越高。而且，將條件設置爲高峰值功率與矩形波形的脈衝條件來提高每一脈衝能量的方法可有效提高單位時間的能量密度。

（2）提高雷射吸收率

在材料表面塗抹光束吸收劑可有效提高被加工物表面的雷射吸收率。不過，使用該方法時會增添加工後去除光束吸收劑的工序負擔。一般刻線加工中使用的是氮氣，但加工部在被氧化時對雷射的吸收率會有所提高，因此輔助氣體改用氧氣也不失爲有效的方法之一。

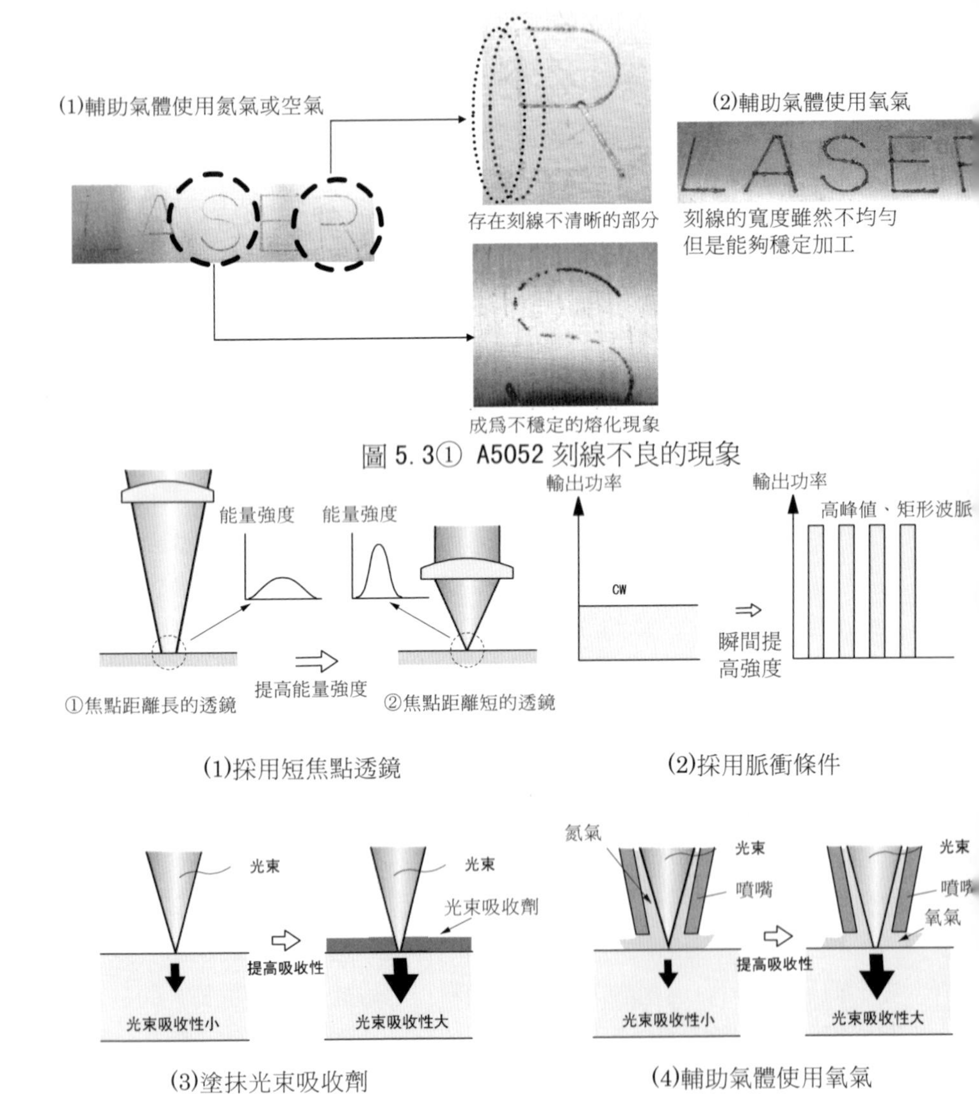

圖 5. 3① A5052 刻線不良的現象

圖 5. 3② 針對光束反射的對策

另外，鋁合金材料表面的粗糙度也會影響雷射的吸收率。材料表面越粗糙，對雷射的吸收傾向就越強。

以上介紹了幾種對鋁合金進行刻線的方法，但鋁合金的刻線在寬度、表面光滑度上都將不如其他材料。

5.4 解決鋁合金穿孔不穩定的方法

【現象】

對金屬材料進行雷射加工時，固態下的金屬對雷射的反射率都是很高的，但一旦開始熔融，反射率就會降低，雷射會被迅速吸收而使切割得以順利進行。鋁合金對雷射的反射率高於一般的金屬，在加工中需要比碳鋼、不銹鋼等更高的輸出功率，特別是在穿孔加工中會更容易表現得不穩定。而且板材越薄，要得到良好的加工品質，就越需要將功率條件設置爲低輸出功率，加工會因此而變得不穩定（如圖 5.4①所示）。

【原因】

鋁合金和其他金屬相比，對雷射的反射率更高，熱傳導率也更大，加工起來比較困難。設置高反射材料的穿孔用焦點位置時，主要是從能獲得最大能量密度的角度出發，一般就把焦點設置在被加工物的表面（Z＝±0）。穿孔不成功的主要原因就在於焦點位置偏離了最佳值。其原因又可分爲被加工物原因和雷射加工機原因。

【解決方法】

（1）被加工物原因（圖 5.4②）

在鋁合金中，A1100 等材料的反射率尤爲突出。爲了降低材料對雷射的反射，可以採取在材料表面塗抹光束吸收劑的方法。在購買光束吸收劑時，請選擇購買熔渣防止劑或雷射加工用的光束吸收劑之類。

穿孔穿不透的現象在板材厚度不足 1mm 的薄板時也時有發生，而且越薄就越容易發生。在雷射照射部發生的局部且瞬間的熱變形或因輔助氣體壓力而造成的材料凹陷都會引起焦點位置發生偏離，此時就需要加強對材料的緊固。

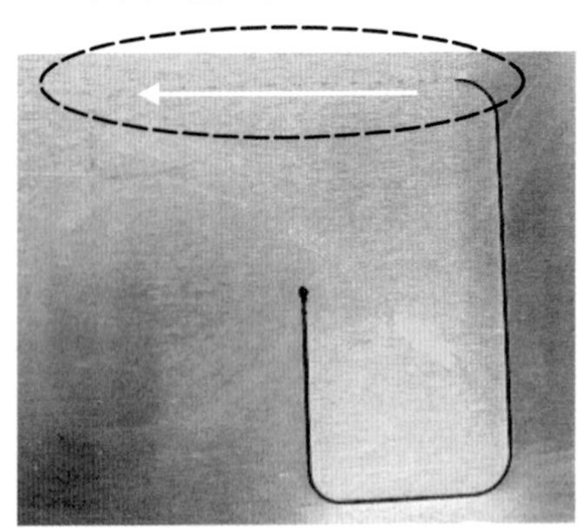

圖 5.4① 切割鋁材時的反射

（2）加工機原因（圖 5.4③）

解決焦點位置偏離最佳值的問題，最簡單的方法就是，將加工參數設定爲能量密度高的高輸出功率及單位時間內能量密度高的高峰值矩形波脈衝條件。

發生了熱透鏡效應時，也會使加工中的焦點位置發生偏離。解決方法就是清洗光學元件，如仍不能恢復時，則請更換上新的元件。

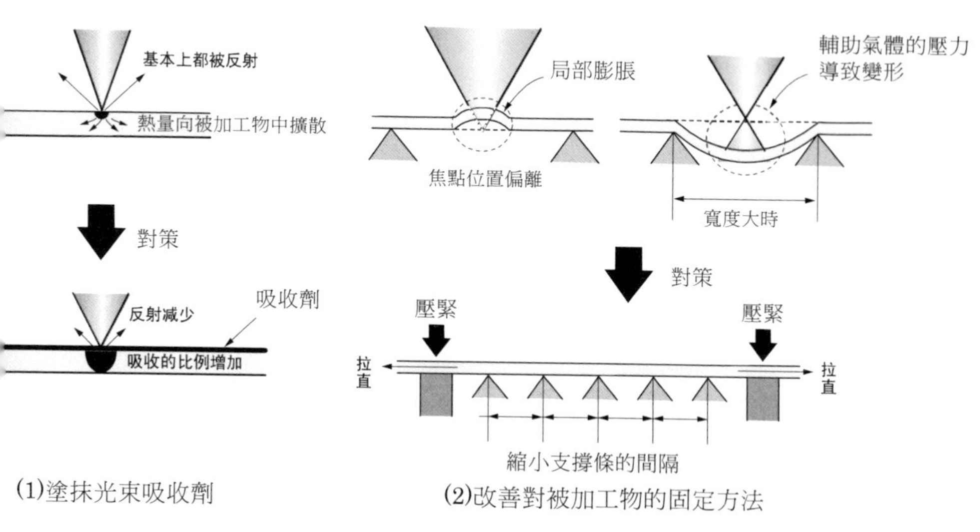

(1)塗抹光束吸收劑

(2)改善對被加工物的固定方法

圖 5.4② 爲被加工物端原因時的對策

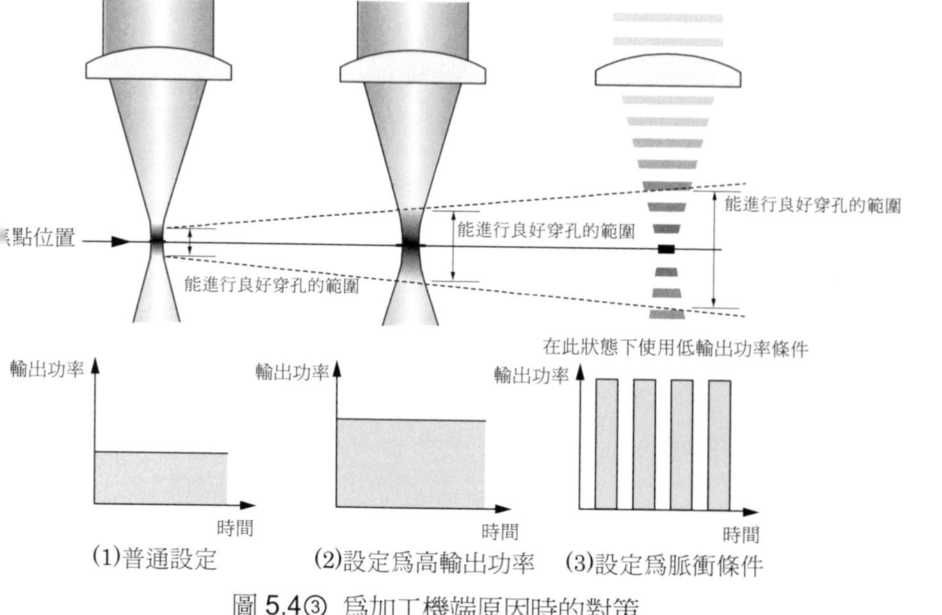

(1)普通設定

(2)設定爲高輸出功率

(3)設定爲脈衝條件

圖 5.4③ 爲加工機端原因時的對策

第 6 章

銅材料的切割

銅比鋁合金更容易發生雷射的反射，切割難度很大。希望本章內容能幫助您對有關因加工材料表面的雷射反射及加工材料內部的熱能流向所引起的各種現象加深理解。用於銅材料切割的獨特加工方法可提高銅材料切割的加工性能，但在防反射光措施上有著與其他材料不同的注意事項。

6.1 銅的加工條件與切割上的問題及其對策

【現象】

圖 6.1①所示爲以氮氣作爲輔助氣體對各種材料進行的切割及以輔助氧氣對銅進行切割的對比。在同樣的切割速度下，切割銅時所需輸出功率是切割不銹鋼時的大約 3 倍。在銅的薄板切割中，加工中所產生的熱變形量要比其他材料大（圖 6.1②）。特別是在餘邊很窄時，上下方向的熱變形量都會很大，會使噴嘴的仿形動作受阻，甚至會影響連續加工。切下來後掉落到廢料箱的零件或碎片，也會對雷射產生反射。如圖 6.1③所示，掉落下來的材料對反射光的反射角度具有任意性，需要充分加以注意。

【原因】

由於銅對雷射的反射率很高，熱傳導率也很大，雷射熔融所產生的熱能很容易散失到母材中，與其他材料相比，銅的切割需要更大的輸出功率。另外，銅材料在切割中會產生很大的熱變形，熱變形會導致焦點位置偏離並因此而造成加工缺陷。

【對策】

圖 6.1④顯示的是將加工中各工序進行分解後的示意圖及其注意事項。

① 銅切割的基本方法就是在被加工物表面塗抹光束吸收劑，降低反射率。與其他材料相比，銅切割時將需要更大的能量。

② 考慮到在穿孔加工時被加工物會在雷射照射的同時急速發生變形，要得到良好的加工就需要將加工條件設定爲較大能量功率就算焦點位置發生變化，也足以進行熔融加工。設爲高峰值輸出功率、矩形脈衝波形、低頻率的條件時，就可使每一脈衝中用於加工的能量增加。

③ 如果切割質量是由好而逐漸變差，就可以考慮是因爲焦點位置在雷射的照射中發生了變化。該焦點位置的變化主要是由於光學元件變髒引起了熱透鏡效應或被加工物發生了熱變形而產生。

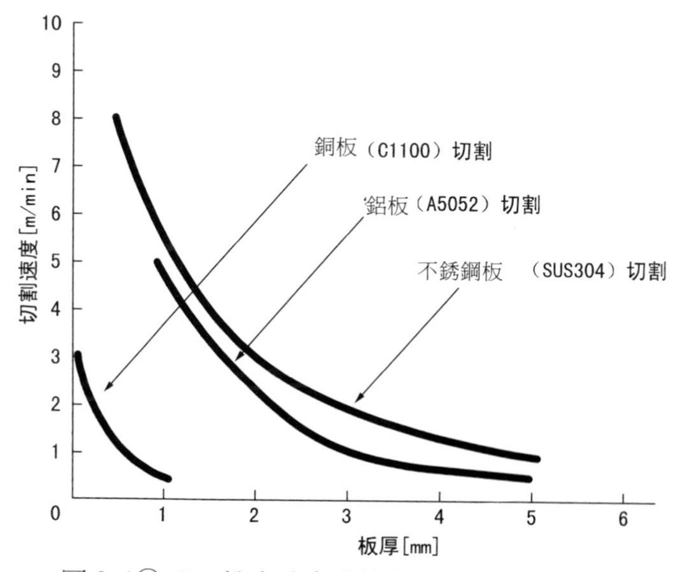

圖 6.1① 2kW 輸出功率時的各種材料的切割速度

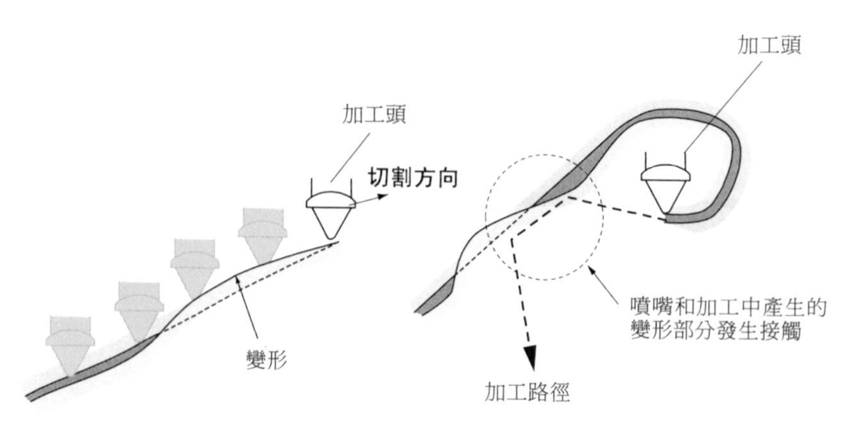

圖 6.1② 切割中對變形處仿形時的例子

熱透鏡效應的解決方法就是清洗光學元件，如仍不能恢復則請進行更換；熱變形的解決方法是設置微連接或使用工件夾具來抑制熱變形。

④ 在材料的兩面都塗抹雷射吸收劑可有效防止掉落在廢料箱內的材料對雷射的反射。

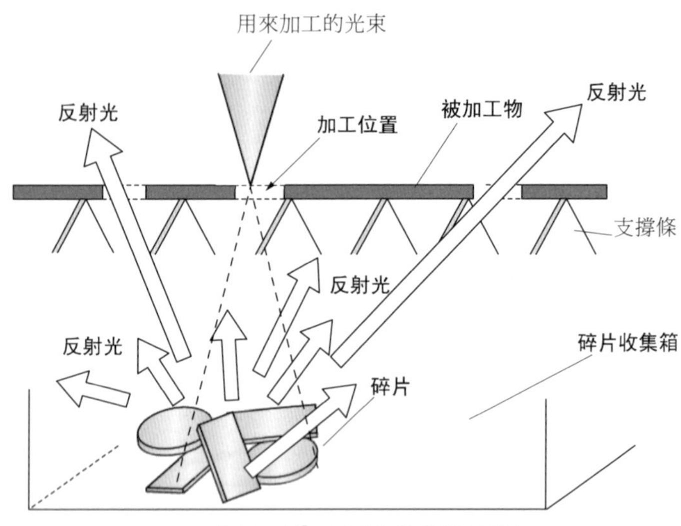

圖 6. 1③ 雷射光束的反射

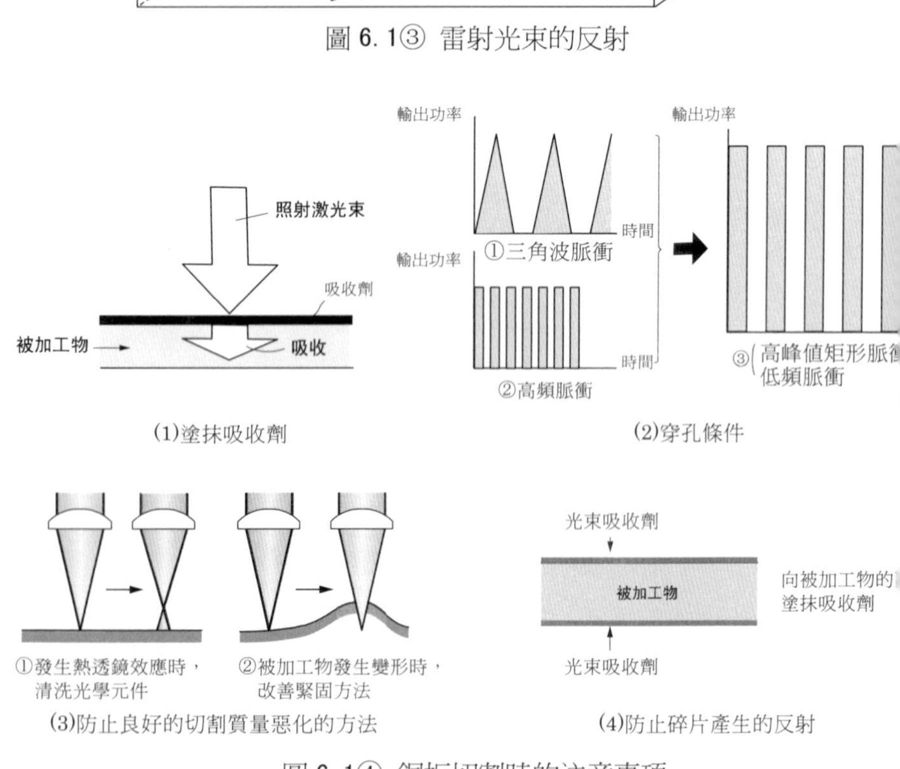

圖 6. 1④ 銅板切割時的注意事項

6.2 解決在銅的切割中不能進行穿孔的方法

【現象】

一般情況下，固態下的金屬對雷射的反射率都是很高的，但一旦開始熔融，反射率就會降低，雷射會被迅速吸收而使切割得以順利進行。銅比其他金屬的反射率還要高，與碳鋼、不銹鋼等材料相比切割難度相當大，尤其還存在板材越薄穿孔越困難的問題。

【原因】

與其他金屬相比，銅對雷射的反射率更高，熱傳導率也更大，從而極大地增加了加工的難度。設置高反射材料的穿孔用焦點位置時，一般是從要得到最大能量密度的角度出發，而把焦點設置在被加工物的表面（Z＝±0）。穿孔不成功的原因主要是在於焦點位置偏離了最佳值，而造成偏離的原因又可分爲被加工物原因和雷射加工機原因（圖 6.2①和②）兩種。

【對策】

（1）被加工物原因

要降低被加工物表面對雷射的反射率，最基本的作法就是在被加工物的表面塗抹光束吸收劑。光束吸收劑可使用普通焊接用的熔渣防止劑或雷射加工用的光束吸收劑，塗抹時要注意塗抹均勻。

材料在雷射的照射下而產生的局部性瞬間熱變形有時會導致焦點位置偏離最佳值。請將條件設置爲高峰值功率、矩形波脈衝、低頻率的高能量密度加工條件，以便使穿孔能在發生熱變形之前迅速完成。

（2）雷射加工機原因

因光學元件的污漬而引起的熱透鏡效應會導致加工過程中焦點位置發生偏離。解決方法就是清洗光學元件，如仍不能恢復，則請進行更換。穿不了孔的現象在板厚小於 1mm 的薄銅材料上也會發生。或者可以說是更容易發生。支撐被加工物的鋸齒狀板條或圓錐狀支柱的間隔過寬時，輔助氣體的壓力將會使材料發生塌陷，此時就需要檢查被加工物的支撐方法、緊固方法等，並對加工條件進行調整以使能量密度達到最大。

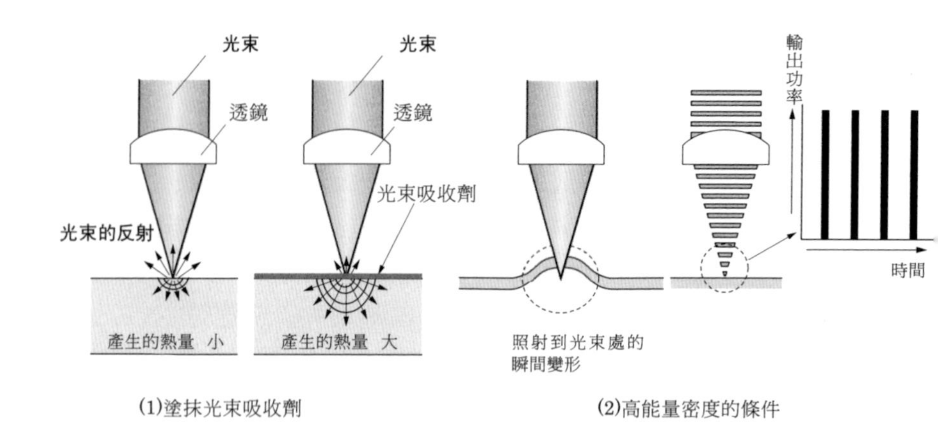

圖 6. 2① 被加工物端的原因與對策

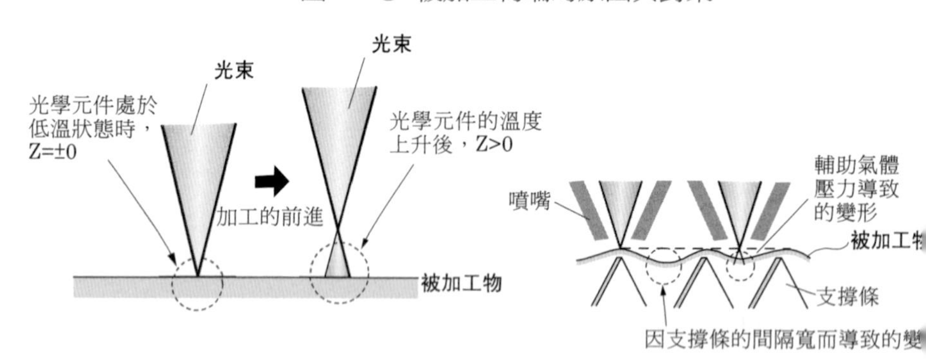

對策：光學元件的清潔或更換

對策：設定能量密度會提高的脈衝條件
改善被加工物的支撐緊固方法

(1)因熱透鏡效應而致的焦點位置偏離　(2)因材料的變形而導致的焦點位置的偏

圖 6. 2② 雷射加工機端的原因與對策

第 7 章

高張力鋼/碳鋼材料的切割

本章中所列舉的各種事例是部分需要擴大加工領域的客戶比較常詢問的問題，在一般的雷射切割中並不多見。在影響切割品質的各因素中，加工機因素所產生的影響與其他材料基本相同。本章主要是對有關加工品質上的切割面硬化現象進行論述。請充分理解材料的特性，力爭實現更高品質的加工。

7.1 解決切割 3.2 毫米厚高張力鋼時出現熔渣的方法

【現象】

高張力鋼材料主要是用於要求高強度小厚度的輕量化零配件領域，特別是在汽車零配件領域中應用廣泛。當今用雷射切割高張力鋼材料的需求與日劇增。加工中容易出現的問題就是，在連續經過 3～4 個小時的加工後，加工品質會開始變差。以下就以加工狀況在加工條件爲最優時發生變化爲前提，來探討一下發生原因及其解決方法。

【原因】

之所以會出現熔渣，主要是因爲熔融金屬不能從切縫內順暢排出而致。其主要原因有：雷射的能量分佈、輔助氣流隨著時間的推移而發生了變化，材料溫度的變化影響了熔融金屬的黏稠性，或是切縫寬度的變化使熔融金屬的溫度或向外排出的動量條件超出了最佳值範圍。

【解決方法】

如圖 7.1①所示，解決方法就是根據熔渣的產生情況或穿孔時熔融金屬的飛濺情況來確定原因進行解決。

（1）熔渣有方向性時

① 比較質量下降部分和沒有下降部分的切縫寬度。如果切縫寬度不同，則說明是加工透鏡或 PR 鏡的污漬引起了熱透鏡效應，光束模式，發生了變化。技巧上，可以通過將比較切縫寬度用的狹縫加工程序嵌套於排版加工程序中來方便比較。

② 請查看穿孔時噴嘴中心周圍熔渣的飛濺方向。如果不是均勻飛濺在噴嘴中心的周圍，就說明是光束的中心偏離了噴嘴的中心。此時需要弄清光束發生偏離的原因。

（2）所有方向都有熔渣時

① 如果在加工一段時間後透鏡已被加熱狀態下加工的質量與加工剛開始透鏡還沒有被加熱狀態下加工的質量存在著差距，就說明是發生了光學元件的熱透鏡效應。

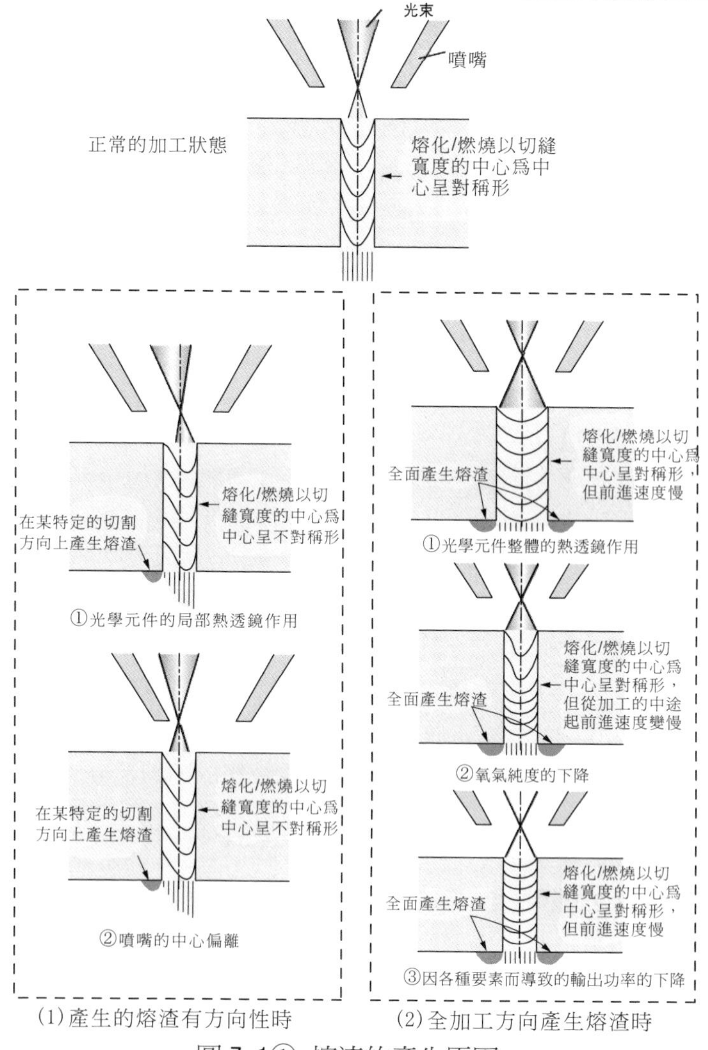

圖 7.1① 熔渣的產生原因

② 如果輔助氣體使用的是高壓氣罐，則偶爾會出現因氧氣純度的不足而導致的熔渣。使用曾經用過的氣罐時也要事先進行確認，查看是否在加工質量上確實沒有變化。

③ 如果是突然發生且不能恢復，則其原因就是光模或輸出功率突然發生了變化。此時，需要檢查雷射所經過的光路內是否混入了有害氣體，或是查看光學元件是否被燒壞等。

7.2 切割中碳鋼材料（S45C）、工具鋼（SK）時的注意事項

【現象】

這些材料的特點是，材料中所含影響切割品質的矽（Si）、錳（Mn）元素含量接近於 SS400，但碳素（C）含量卻比較多。一般情況下，材料在成分標準的管理上是非常嚴格的，基本上不會出現加工性能因批號不同而存在差異的現象。在加工條件中的輸出功率與速度間的相關關係上，中碳鋼是基本與 SS400 切割相同的。穿孔時，碳素將會燃燒並飛濺起耀眼的火花，但不會導致過燒。

【原理與注意事項】

S45C、SK 材料是焠過火的材料，在雷射切割中，焠火層會在切縫周圍顯現出來。對於那些需要在切割後進行硬化熱處理的零件，用雷射切割時則可省去熱處理步驟。利用雷射切割來製造簡易模具的話，可利用雷射切割的這種特性來節省雷射切割後進行熱處理的時間，從而達到縮短整個加工時間的目的。

但是，加工中也有不喜歡被焠火的。例如用雷射加工過圓孔後還需要再在孔內攻螺紋的加工就是其中一例。用雷射切割的話，切割面會被焠火， 焠過火的切割面將比攻螺紋用的刀刃還要硬，無法再進行攻螺紋加工。當今還沒有解決這個難題的有效方法，需要嘗試雷射切割之外的方法。

圖 7.2①顯示了切縫周圍的熱影響層狀態。在切縫的上部，因爲熔融金屬是被迅速推到下部的，加熱時間很短，所以熱影響層比較窄，而越是向下，熔融金屬的滯留時間就越長，熱影響層的寬度也就越大。切縫周圍熱影響層的硬化需要被加熱部分在切割後的急速冷卻。雷射切割的冷卻是通過被加熱部分的熱能向被加工物內部的熱傳導來實現的自我冷卻。

要減少向加工部分的熱輸入縮小熱影響層的寬度，就需要使用脈波切割條件。圖 7.2②顯示的是硬化層寬度和硬度分佈的關係。受脈波頻率和脈波峰值功率的影響，頻率越低、脈波峰值越高，硬化層就越窄。

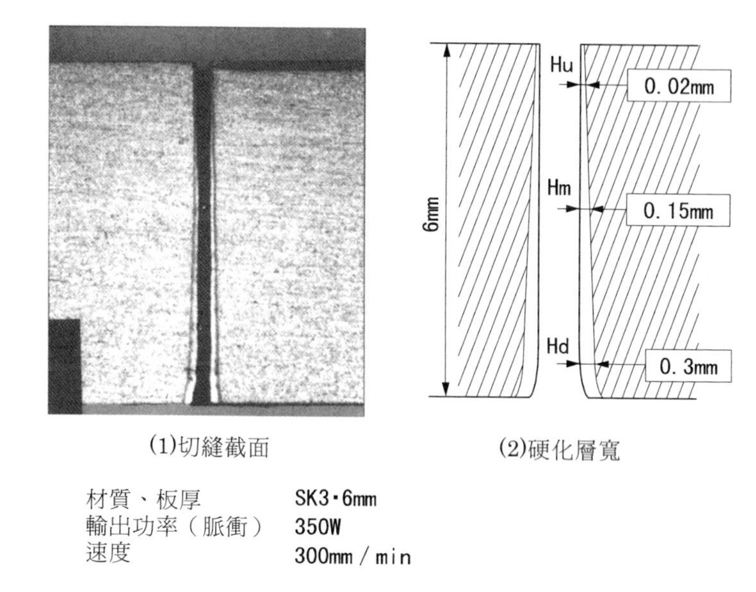

(1)切縫截面　　(2)硬化層寬

材質、板厚	SK3・6mm
輸出功率（脈衝）	350W
速度	300mm / min

圖 7.2① 熱影響的發生狀態

當材料的厚度在 20mm 以上時，則使用氮氣進行無氧化切割可有效抑制過燒現象。圖 7.2③顯示的是用 4kW 輸出功率切割的 25mm 厚 SK 板的切割面。切割速度條件是 60mm/min 的低速條件。

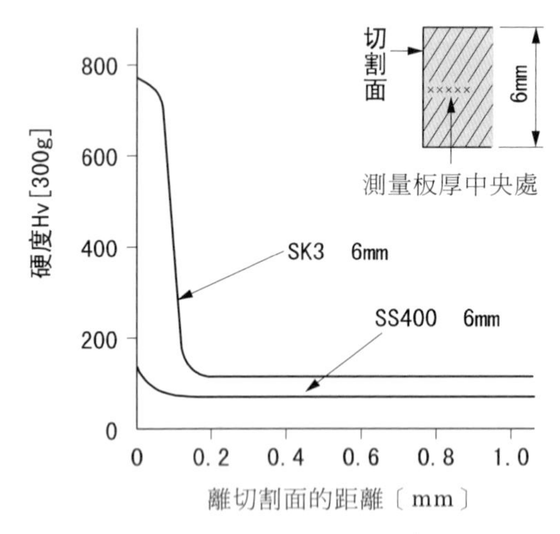

圖 7.2② 切割面的硬度分佈

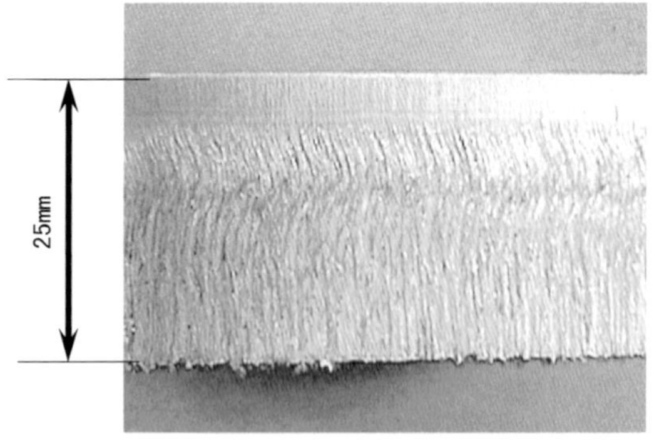

材質 :SK3
板厚 :25mm
輸出功率:4kW
切割速度:60mm/min

圖 7.2③ 厚板的切割面

第 8 章

金屬材料共同的切割現象

本章將就所有金屬材料在雷射切割中所共通的加工現象進行論述。這裏所介紹的事例大多是受雷射加工機因素影響或加工條件參數影響而表現出的加工特性。請正確理解各種加工現象及其發生原因，力爭實現對所有金屬材料的高品質切割。

8.1 解決熔渣黏著在管材內的方法

【現象】

當被切割材料爲管材時，則切割中所產生的熔融金屬就會在熔融
狀態下掉落並黏著在管材內層的下方，之後冷凝。平面板材切割中
成問題的熔渣黏著現象，在管材切割中，則由於熔融金屬是黏著在
材的內側，所以也就成了需要解決的問題了。

【原因】

由於在管材的切割中，切割處與對面管材內側間的間距很小，
融金屬在高溫狀態下還來不及冷卻就會黏著在管材的內側，之後又
速冷卻，從而使熔融金屬成爲很難去除的頑固熔渣。

【解決方法】

防止熔融金屬黏著或使熔融金屬在黏著前冷凝的方法（圖 8.1①
都將是有效的解決方法。

（1）將緩衝材插入到管材內

管材內插入緩衝材後，從切割部排出的熔渣就會被緩衝材接住，
可防止熔渣的直接黏著。緩衝材可以爲平面板，也可以使用直徑較
的管狀材料。插入緩衝材還可有效防止管材內側因被雷射照射而導
的變色或其他損害。

（2）在管材內側塗抹熔渣防止劑

在管材內側塗抹上熔渣防止劑後，管材的內側面上就會形成一
保護膜，熔渣則將會堆積在保護膜上，去除起來也會很輕鬆。管材
側的熔渣防止劑將起到阻止熔融金屬直接黏著到加工管材內側的保
作用。對熔渣防止劑的性能、規格要求是：①廉價、②易塗抹、③
割加工後容易去除、④不需要去除（無害）等。有些加工中使用中
洗滌劑就可獲得良好效果，熔渣防止劑要根據被加工物的材質、尺
來進行選定。

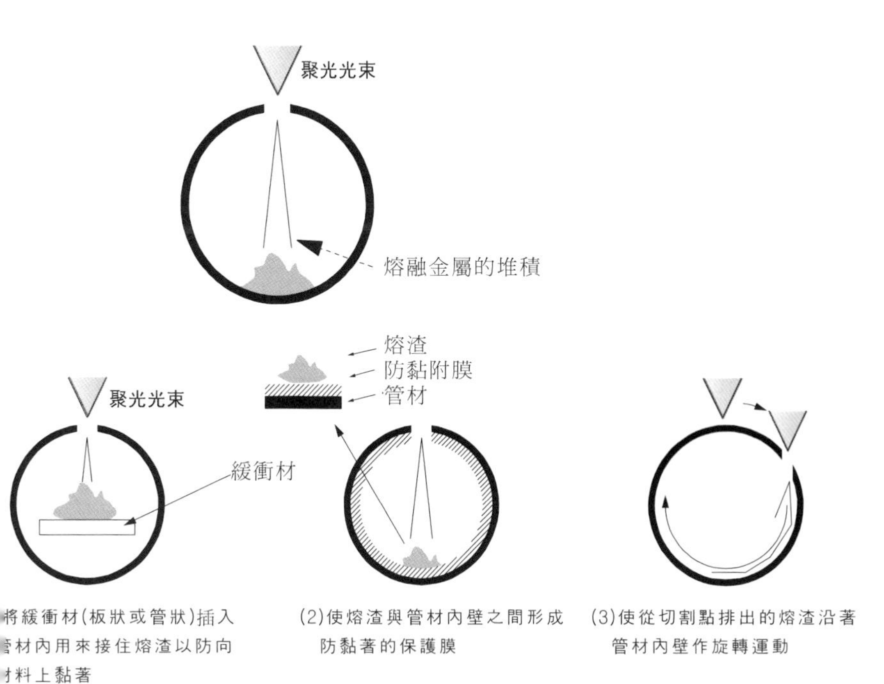

圖 8.1①　管材切割時的熔渣對策

3）在加工位置上下功夫

一般加工管材時是從管材的最頂端照射雷射，此時排出的熔渣會垂直噴射到管材底面的內側，形成頑固的黏著物(熔渣)。有意將雷射的照射位置從管材的頂點稍向周圍移動，則熔渣就會沿著管材內側面做旋轉運動，並會在旋轉運動中冷凝，從而達到減少熔渣黏著的目的。

8.2 將兩三張材料重疊起來切割的方法

【現象】

爲了提高加工效率，有些用戶考慮能否在切割薄板時將多張板材重疊起來，一次性進行切割。針對這種要求，首先要弄清的是用雷射進行加工時，板厚和切割速度的關係是呈反比的。例如，切割 6mm 厚的板材時，2 張重疊起來厚度就是 12mm，而加工速度則會變爲原來的 1/2，達不到預期的效果。不過，對於那些快進空跑移動路徑非常長或快進空跑次數非常多的加工形狀，重疊起來加工的話，空跑時間將可得到大幅減少。

【原因】

在雷射切割中，只要熔融金屬流淌順暢，能被從加工材料的下面順利排出，重疊起來切割也是可行的。重疊切割時，材料與材料間的緊貼性將是非常重要的。圖 8.2①中分別顯示了緊貼性好時的加工狀態和緊貼性不好時的加工狀態。如果緊貼性不好，則板材與板材間的縫隙會妨礙雷射的多重反射，從而使加工現象變得不連續，熔融金屬會滲入到板材間的縫隙中。

【解決方法】

雖然加工品質達不到一體性（單張）材料時的效果，但如果各材料重疊起來時的緊貼性很好，則也可獲得較好的切割品質（如圖 8.2②所示）。當厚度較大時，切割中所產生的熱變形會使板材間的縫隙擴大，此時需要通過用螺栓進行緊固等方法來限制熱變形。如果材料本身就是有變形的材料，則在疊放時要儘量讓各板材的起伏相吻，以最大限度提高其緊貼性。

切割薄板時，可以採取在材料間填充肥皂水或油分，利用其表面張力來減小材料間縫隙的方法。而且，這個方法還有防止板材在切割後黏在一起的效果。

在切割不足 0.3mm 厚的超薄板時，單張切割起來難度很大，此時反倒是採用重疊加工法時可以得到良好的加工品質。不過，缺點就是很容易產生熔渣，需要對輔助氣壓等的加工條件進行調整。

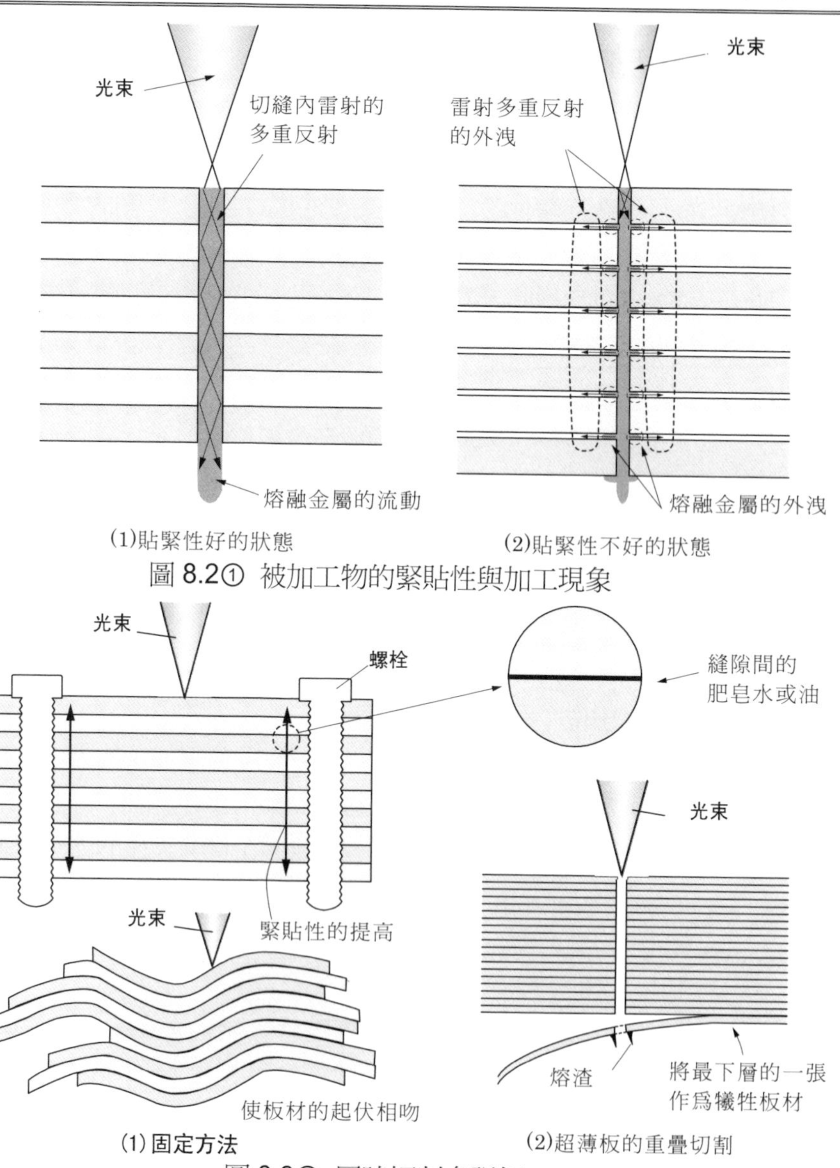

圖 8.2① 被加工物的緊貼性與加工現象

圖 8.2② 同時切割多張板

調整的目標不是抑制熔渣，而是如何讓熔渣黏在最底層。也就是讓熔渣儘量都黏在最底層，最後將最底層作爲犧牲板材來處理的一種思考方式。

8.3 如何減小切割的方向性

【現象】

在切割過程中有時會出現切割面的粗糙度、熔渣等切割品質隨著切割方向的變化而變化的現象，且切割的板材越厚，切割的速度越快，就越容易出現這種現象。查找原因時首先需要弄清品質變化是在（1）加工一開始時就出現的，還是在（2）幾分鐘的短暫時間內或幾個小時的較長的時間後發生的。

【原因】

加工品質變差的主要原因是由於在金屬熔融形成切縫的過程中，雷射光束和輔助氣體這兩個要素的不合適。出現方向性時，可以考慮是這 2 個要素發生了方向性的變化。例如，X 方向切割時熔融能力高，而 Y 方向切割時熔融能力低時就會產生方向性。圖 8.3①和圖 8.3②顯示了方向性的產生狀態。

【對策】

（1）加工一開始就出現（與加工時間無關）

① 如果光束模式的圓整度不好，則切縫寬度會因加工的方向而出現差異。請對光束模式的圓整度進行調節。

② 如果雷射是傾斜照射被加工物，則照射在材料表面的光束截面將是橢圓形，切縫寬度會因加工方向而出現差異。如圖 8.3③所示，調整光束的垂直度時，可以採用上下位移加工頭，在上下位置處各照射一次的方法來檢查是否傾斜。

③ 以聚光透鏡聚起的光束在通過噴嘴時，如果光束的中心與噴嘴的中心不一致，則金屬的熔融狀態會隨著加工方向的變化而變化。此時請實施噴嘴的對中心工作。

④ 噴嘴上黏著有熔渣或噴嘴形狀發生了變化時，輔助氣流會紊亂，金屬的熔融狀態也會隨著加工方向的變化而變化。請檢查噴嘴的狀態。

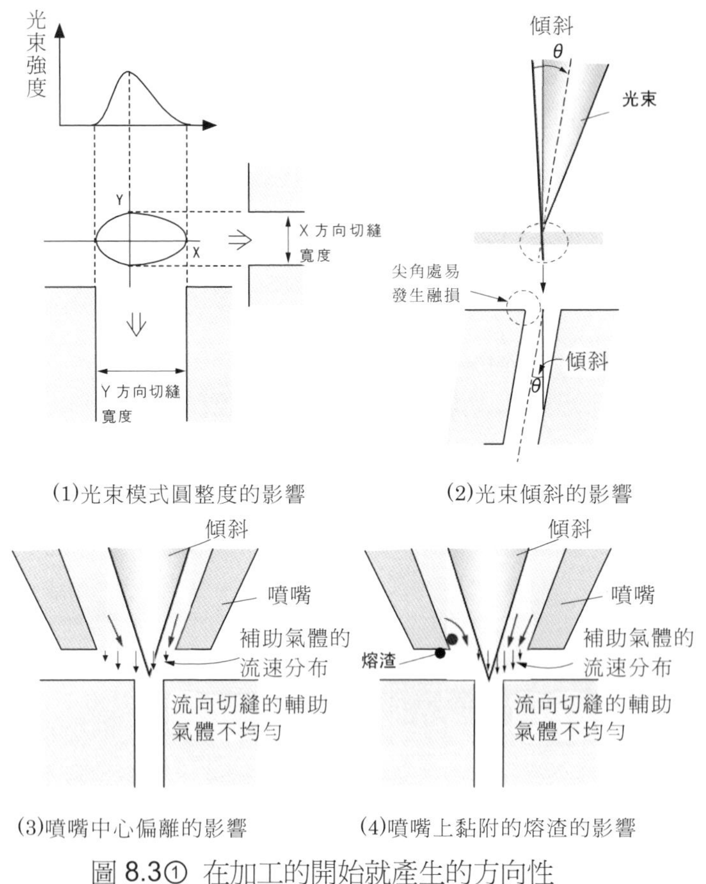

(1)光束模式圓整度的影響

(2)光束傾斜的影響

(3)噴嘴中心偏離的影響

(4)噴嘴上黏附的熔渣的影響

圖 8.3① 在加工的開始就產生的方向性

（2）隨著加工時間的推移而發生（短時間內／長時間後發生）

① 短時間內發生：是光學元件的熱透鏡效應使光束模式的圓整度、能量分佈發生了變化。請確認光學元件的狀態。

② 長時間後發生：是由於加工機溫度的升高或初始調試的失誤等原因，使光路出現了偏離，造成了加工位置處的偏孔。請檢查光路系統元件的偏離情況及其緊固狀況。

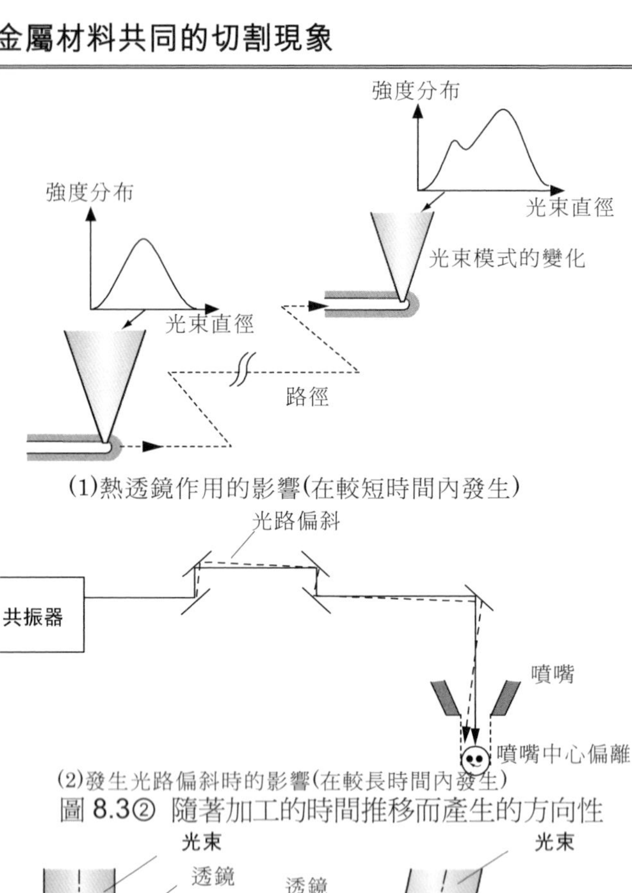

(1)熱透鏡作用的影響(在較短時間內發生)

(2)發生光路偏斜時的影響(在較長時間內發生)

圖 8.3② 隨著加工的時間推移而產生的方向性

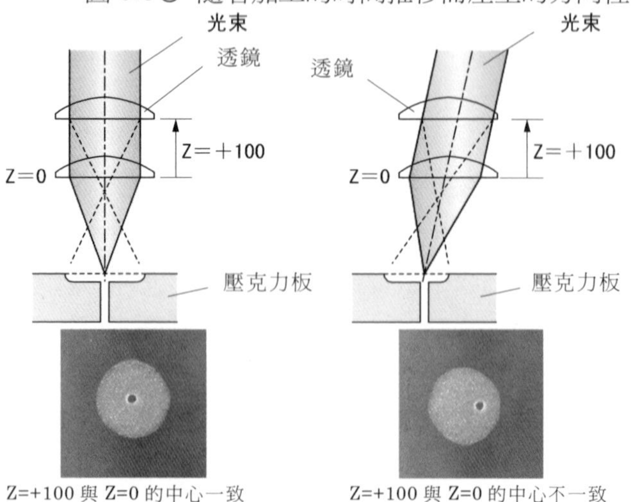

(1)垂直度無偏差時　(2)垂直度存在偏差時

圖 8.3③ 通過檢查傾斜來確認光束的垂直度

8.4 解決加工末端部翹起的方法

【現象】

在雷射的加工過程中，有時會發生被加工物的熱變形或加工過部件的掉落，而使加工末端部翹起來，翹起的末端部則又會與加工頭或噴嘴發生接觸。如圖 8.4①所示，如果在加工頭或噴嘴與被加工物相接觸的狀態下繼續運轉加工機，就很容易造成噴嘴的變形或加工頭的損壞。

【原因】

例如當在鋁合金、不銹鋼材料的薄板上加工細長形狀時，就很容易發生熱變形。發生原因主要是源於加工中所產生的熱能。

加工末端部之所以會因被加工物的掉落而翹起，主要是由於尖齒狀或板條狀的支撐件與加工件之間的位置關係欠佳，而使支撐件不能支撐住零件。

【解決方法】

如果讓加工頭在到達加工末端部後迅速向上方進行退避，則可在一定程度上避免接觸，但卻又增加了加工頭向上方移動的時間。因此這裏將就圖 8.4②中所示方法進行說明。

(1) 解決加工中產生熱變形的方法

熱變形是隨著加工的進展而逐漸變大的，在加工的中途基本不會發生噴嘴與零件接觸。而在加工的末端部，則因零件與母材在斷離的瞬間會發生很大的變形，因此很容易發生零件與噴嘴的接觸。解決方法有：①在零件的末端設置微連接，不完全將零件切離②不讓加工頭在末端部停止，而是在經過末端後再停止。

(2) 解決因零件掉落而造成翹起的方法

調整加工形狀與工件支撐件間的位置關係，使支撐件能支撐住零件。微連接也是行之有效的方法，微連接的量要根據①板厚②形狀③切縫寬度(焦點位置、透鏡焦距)等來決定。

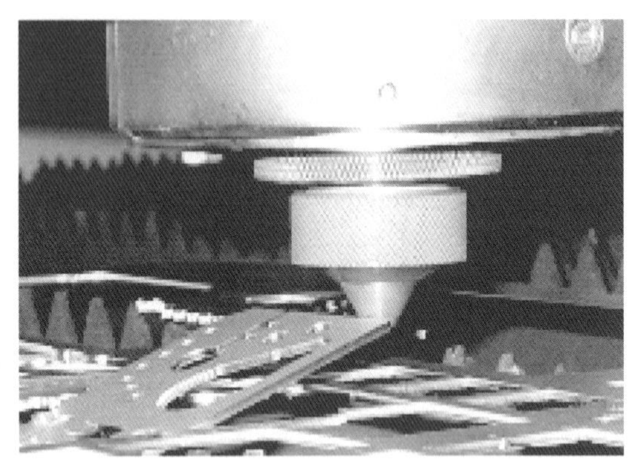

圖 8.4① 工件的翹起及與加工頭的接觸

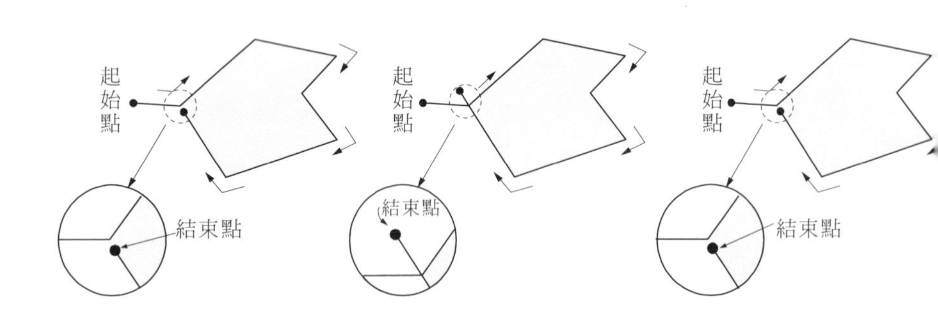

圖 8.4② 工件與加工頭相接觸的解決方法

不過，所謂微連接就是在切割時留下微小的切割剩餘，也就是說是讓加工停止在到達加工末端之前，這種做法就又會增加加工後把微連接進行分離的工序。

8.5 解決小孔加工時產生過燒的方法

【現象】

一般情況下，小孔加工時可加工的圓孔直徑尺寸大約爲板厚大小或者 1/2 板厚大小。在小孔加工中，小孔的內側會成爲過燒發生的起點。成功進行小孔加工的訣竅就是儘量減少向加工部分的熱輸入。

【原理】

如圖 8.5①所示，金屬在雷射的照射下產生熔融形成切縫中會產生大量的熱量，良好的切割就需要切縫處的熱量能擴散到被加工物中得到充分的冷卻。在小孔的加工中，孔外側可得到充分的冷卻，但孔內側的小孔部分卻因爲熱量可擴散的空間小，熱能會過於集中從而引起過燒、熔渣等。另外，在厚板切割中，穿孔時所產生的堆積在材料表面的熔融金屬及熱量積累會使輔助氣流紊亂、使熱輸入過多從而會引發過燒。

【解決方法】

如圖 8.5②所示，不同材質有著不同的解決方法。

(1) 碳鋼切割

① 在以氧氣爲輔助氣體的碳鋼切割中，問題解決的關鍵就在於如何抑制氧化反應熱的產生。可採用穿孔時用輔助氧氣，之後切換爲輔助空氣或氮氣來切割的方法。用這種加工法加工可最大加工 1/6 板厚大小的小孔。

② 低頻率、高峰值輸出功率的脈衝切割條件具有能減少熱輸入的特點，有助於切割條件的優化。

③ 把條件設定爲單一脈衝光束能量強度大的高峰值輸出、低頻率條件，可有效減輕穿孔過程中熔融金屬在材料表面的堆積，也可有效地抑制熱輸入。

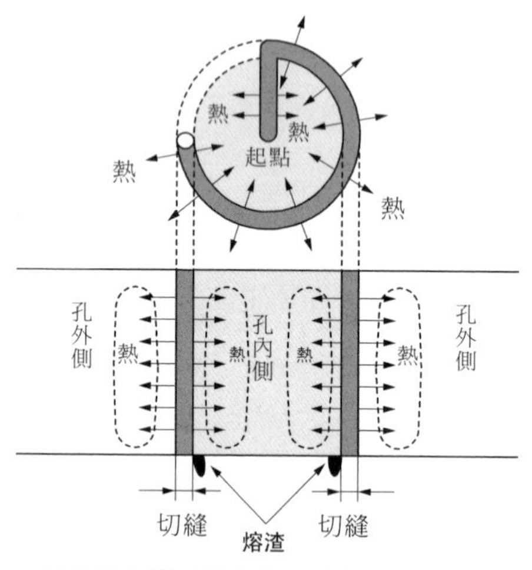

· 因爲孔內側可散熱的區域小，所以溫度會上升
· 因爲孔外側可散熱的區域大，可充分得到冷卻

(1)小孔切割中的熱能流向

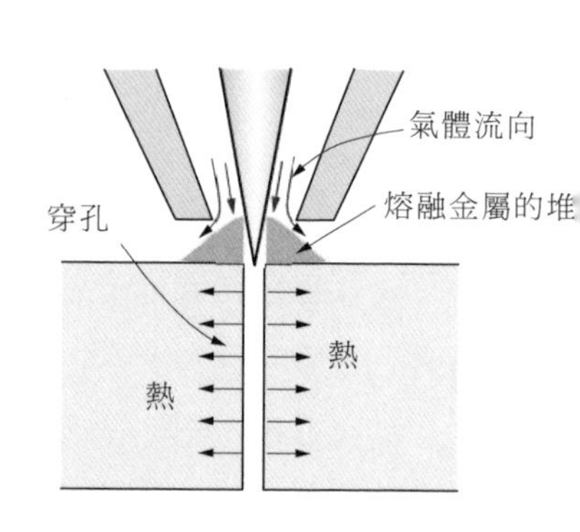

· 在熔融物堆積處輔助氣體的氣流紊亂
· 穿孔中蓄熱

(2)厚板切割中的穿孔部分的隆起

圖 8.5① 小孔切割不良的原因

(2) 鋁合金及不銹鋼切割

① 在此類材料加工中，因爲輔助氣體使用的是氮氣，所以在切割中是不會發生過燒的。但是，由於小孔內側材料的溫度很高，內側的熔渣現象將比較頻繁。有效的解決方法就是加大輔助氣體的壓力，將條件設爲高峰值輸出、低頻率的脈衝條件。

② 輔助氣體使用空氣時也和使用氮氣時一樣，是不會發生過燒的。但卻很容易在底面出現熔渣，需要將條件設置爲高輔助氣體壓力、高峰值輸出、低頻率的脈衝條件。

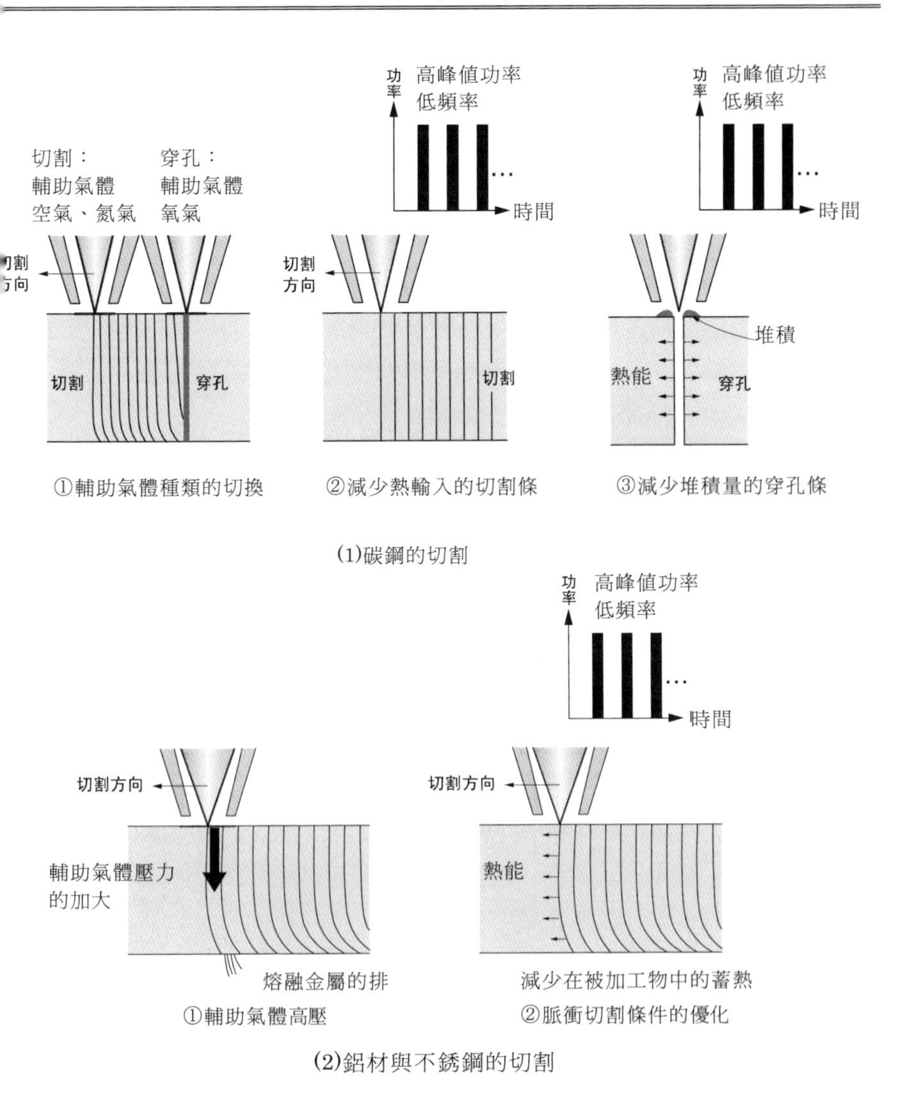

圖 8. 5② 小孔切割不良的解決方法

8.6 輕鬆打孔定位的方法

【現象】

有很多厚板材料都是在用雷射進行切割加工之後，還需要再用鑽頭加工小孔。雖然也可以直接用雷射來加工小孔，但對於那些圓整度要求很高的加工來說，還是需要用鑽頭來進行再加工的。而如果此時能在用雷射切割的同時把用鑽頭進行再加工的位置也準確標記出來，則可大幅提高打孔的工作效率。另外打孔位置的標記設置在雷射切割的程式中，對確保加工的精度也將具有重要意義。

【對比】

比較普遍的標記法就是用雷射劃出十字狀的刻線來顯示用鑽頭加工時的中央位置。不過刻線法會增加條件切換、路線更改等的步驟，會使加工時間延長。當加工形狀中需要用鑽頭加工的小孔個數很多時，就又會使編程時間、加工時間增加額外負擔。

【解決方法】

如利用穿孔條件來進行標記，則可在短時間內輕鬆標出需要用鑽頭加工的中心位置。方法是，直接使用穿孔條件，不過穿孔時間要改爲時間短的非貫通性條件。雖然鋁合金及銅等高反射材料刻起線來比較困難，但作標記的話，則只需把能將材料熔融的穿孔條件能量集中到孔的中心即可，因此是可確實進行定位打標的。

圖 8.6①顯示的是對 12㎜ 厚的碳鋼用低輸出功率穿孔條件在短時間內進行非貫通穿孔的結果。由於加工屬非貫通性的，每一處所用的時間僅爲 1～2 秒。而且，穿孔動作剛一開始馬上就又結束，將不會存在通常的因熱能積蓄而造成過燒的危險。這種非貫通性穿孔既能起到做標記的作用，又能有效提高後序加工的定位精度。

圖 8.6① 用非貫通穿孔進行定位

對於那些經過了熱處理的硬化材料，由於被雷射照射後會發生硬化，因此無論是使用穿孔條件還是刻線條件，都將不能再在雷射加工後進行打孔，而只能使用雷射之外的方法來進行標記。絲錐的攻孔加工也是同樣道理，如果用雷射對硬化材料進行加工，則在切縫的周圍將會形成焠火，而使得雷射加工後不能再進行攻螺絲。

8.7 解決切割中產生等離子體的方法

【現象】

用氮氣作輔助氣體切割金屬時，如果加工物件是薄板且加工速度在 F10000mm/min 以上，則很容易產生等離子體，造成切割面的粗糙。特別是在不同加工方向上所表現出來的切割面粗糙度的差異將會很突出。另外，在切割尖角形狀時，在剛剛經過尖角的地方是最容易產生等離子體的。

【原因】

如圖 8.7①所示，等離子體產生的原因是金屬的熔融溫度在切割過程中急遽上升而致，等離子體產生的差異又主要是因爲熔融現象的差異而致。(1)切割速度越快，加工就會越僅依賴於光束模式中能量強度最強的部分。切割前沿因此而呈高溫，很容易產生等離子體。(2)雷射在剛剛經過銳角後，會因拖曳線的滯後而出現銳角尖端部的蓄熱和輔助氣流的紊亂，並因此而造成冷卻的不充分，以致產生等離子體。(3)噴嘴方面的原因就是發生了偏孔，使噴射到熔融處的輔助氣體減少，冷卻能力下降從而引發等離子體。另外，當噴嘴下的空間過大時也會誘發等離子體的產生。

【解決方法】

(1) 產生在高速切割條件下時

高速條件時，光束模式的能量強度分佈的均勻性是很重要的。切割速度條件越是高速條件，在加工中所使用的就越是能量強度中最強的部分。這樣就需要提高光束模式中心部分能量強度分佈的正圓性，要使任何方向的切割都能成爲均等的能量分佈。

(2) 產生在尖角處時

要將雷射剛剛拐過尖角尖端的地方設置爲低速加工條件，以保證輔助氣體的穩定。尖角的角度越小，低速條件的設置就越會有效。另外，在從低速條件向高速條件切換時，要設定爲一個分步提高的過程。

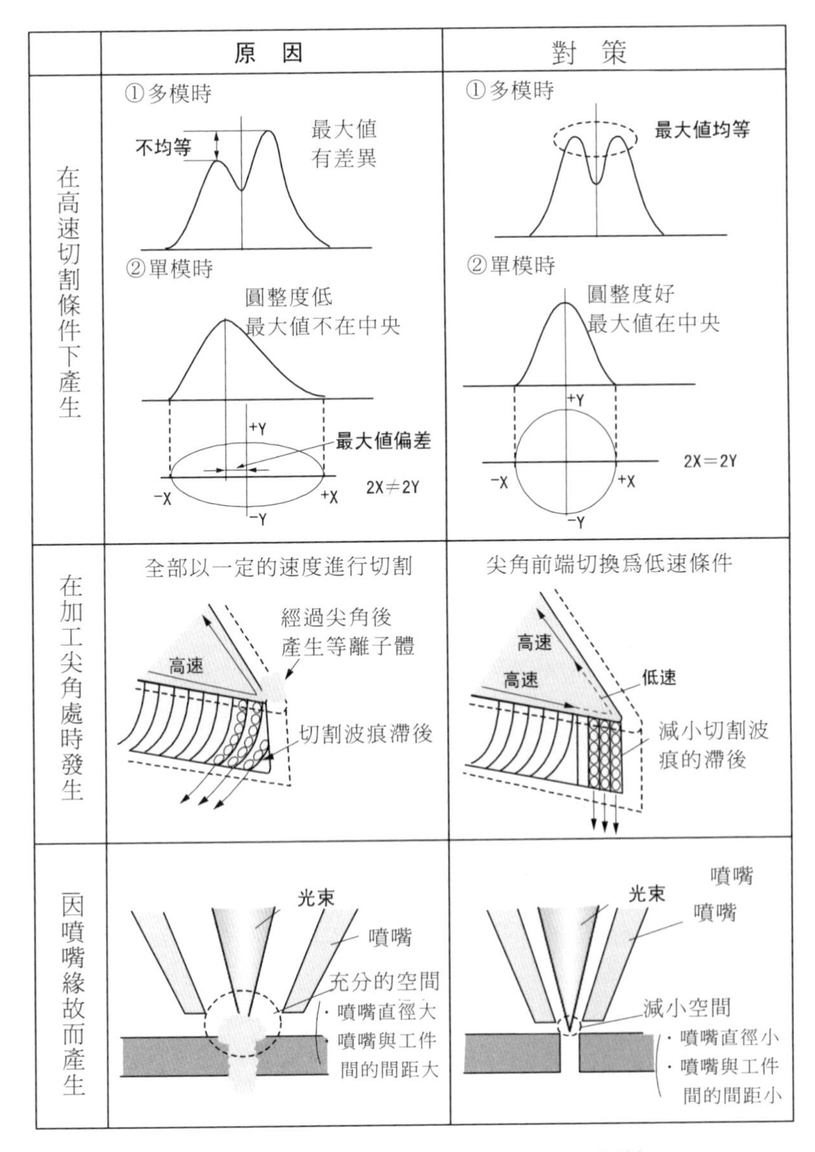

圖 8.7① 等離子體產生的原因及其對策

(3) 因噴嘴緣故而產生時

按照通常的偏孔解決方法來將光束的中心調整到噴嘴的中心。另外，還要儘量使用小孔徑噴嘴，以減小等離子體的產生空間。

8.8 提高底漆材料、表面噴漆材料的切割品質

【現象】

以防銹爲目的的富鋅底漆、蝕洗底漆材料都是在鋼鐵材料的表面塗有含鋅塗料的材料。切割這些材料時，切割面粗糙度會比較差，甚至還會發生過燒等現象。對表面噴漆材料進行切割時也是一樣，切割面的粗糙度會比較差，會發生過燒現象，並還會在切割部底面出現熔渣現象。

【原因】

含鋅塗料或油漆對雷射的吸收性都很好，足以保證切割用的能量，但切縫周圍熱影響層的熱量又會使塗層、油漆蒸發（氣化）。如果這些蒸發氣體混入到輔助氧氣中，則氧氣的純度會下降，而氧氣純度的下降，就又會使鋼材的燃燒能力降低，從而使切割面變粗糙或出現熔渣。

【解決方法】

解決材料表面塗料在切割中蒸發的有效方法就是採用二次切割法。也就是通過第一次照射來去除塗料膜，通過第二次照射來切割的二次切割法。二次切割時加工程式使用的是同一程式，但在去塗料膜時是把焦點位置向正方向(向上)調整，使用低雷射功率、高速度的加工條件，而切割就使用通常的切割條件。

圖 8.8①顯示了分別用一次切割和二次切割法對 16mm 厚富鋅底漆材料進行切割的結果。一次切割法時，蒸發的氣體侵入切縫內，板厚中央部（距材料表面 8mm 處）的切割面粗糙度達 Rmax86μm，被加工物底面的切縫周圍有熔渣。

用二次切割法切割鋼材時，切縫內沒有氧化鋅的侵入，輔助氧氣一直能保持高純度狀態。板厚中央部的切割面粗糙度是 Rmax30μm，被加工物底面的熔渣也有所減少。

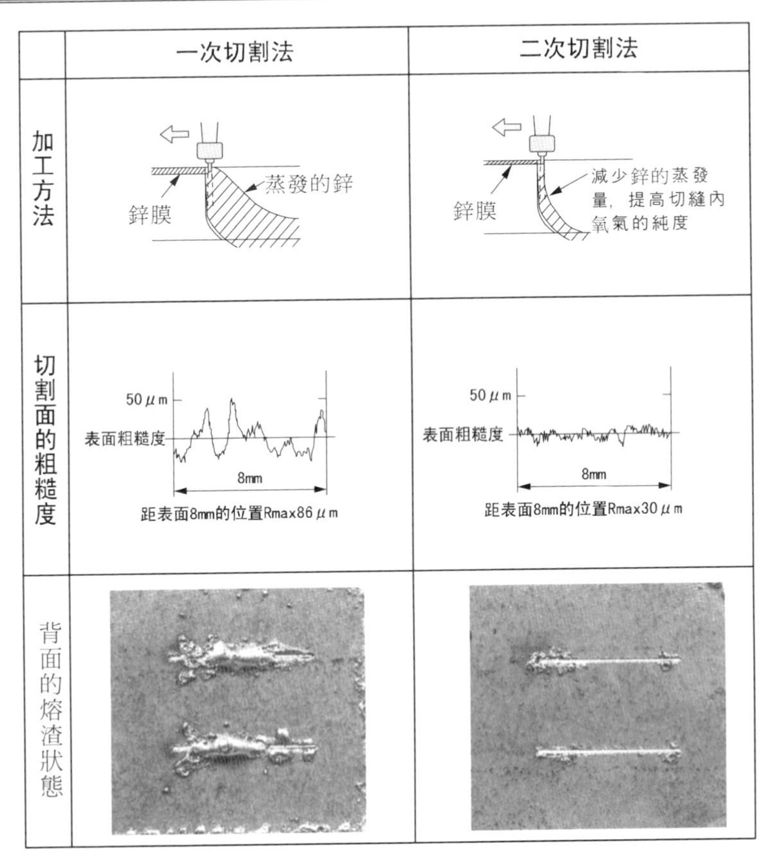

被加工物為含鋅底漆材料 t16mm

圖 8.8① 塗漆鋼板（底漆材料）的切割

二次切割法應用在被加工物表面粗糙度差或有鐵銹的材料等上時也會有效發揮其效。通過第一次的雷射照射把材料表面熔融，使被加工物表面形成一層粗糙度均勻的氧化鐵層，雷射的吸收也因此而變得均勻。

第 9 章

非金屬材料的切割

當被加工材料爲非金屬材料時，雷射光束的強度會被直接反映到切割部分，並表現出與金屬不同的加工現象。在加工品質上也會出現金屬材料切割中所不存在的切割面的焦化、碰撞等問題。請在加工前先熟知被加工材料的物理特性，充分理解加工條件各參數對加工品質的不同影響。

9.1 雷射切割在木材加工上的應用

【現象】

CO_2 雷射在木材的切割、雕刻領域的應用也是日益廣泛。雷射垂直於表 9.1①所示各材料的木紋進行切割時，最大切割結果如圖 9.1①所示。切割速度與雷射功率是成正比的，加工中沒有產生因產地不同或闊葉樹、針葉樹的不同而出現的不同加工特性。木材的密度影響著切割能力，切割實驗結果表現爲：密度越大，切割速度就越慢。如圖 9.1②所示，相對於木紋呈平行或垂直進行切割時的各加工特性結果將如表 9.1②所示。整體來看，平行于木紋時的加工速度要比垂直時的加工速度快。圖 9.1③是垂直於木紋進行切割時的各種木材的截面照片。

【精度】

木材的切割特性與壓克力板相同，可通過對焦點位置的正確設定來減小切縫的坡度。圖 9.1④所示爲切割 20mm 厚的柳安木時的焦點位置與切縫寬度的關係。上部切縫寬度爲 Wu、中央部切縫寬度爲 W_m、下部切縫寬度爲 W_l。相對於焦點位置 Z 的變化，上部切縫寬度 W_u 的變化最大，下部切縫寬度 W_l 的變化比較小。焦點位置在 Z＝＋6～＋8 範圍內時，W_u、W_m、W_l 的差異量小，錐度量也爲最小。在此焦點位置範圍內，切縫寬度的偏差在 0.3mm 以內。

【加工實例】

圖 9.1⑤是雷射切割應用在木材加工領域的一些實例。

① 用扁柏切割出的家徽。程序中的數據是通過掃描器來讀入編製的。

② 在杉木上雕刻的文字。雕刻方法是：在木材的表面覆蓋可反射雷射的蓋板，用雷射進行全面順序掃描，雷射透過沒有蓋板的部分就會照射到木材上形成加工。加工的最小寬度也會受加工深度的影響，大約是 0.1～0.2mm。

表 9.1①　用於雷射切割實驗的木材

	樹木種類	產　地	密度（g/cm³）
针叶树	1. 扁　柏	日本木材	0.46
	2. 杉　木	日本木材	0.38
	3. 黃　松	北美木材	0.62
	4. 雲　杉	歐洲木材	0.39
	5. 白　楊	北美木材	0.59
阔叶树	6. 楓　樹	北美木材	0.47
	7. 印尼白木	南洋木材	0.70
	8. 橡　膠	南洋木材	0.64
	9. 白　桐	日本木材	0.27
	10. 柳安木	南洋木材	0.44

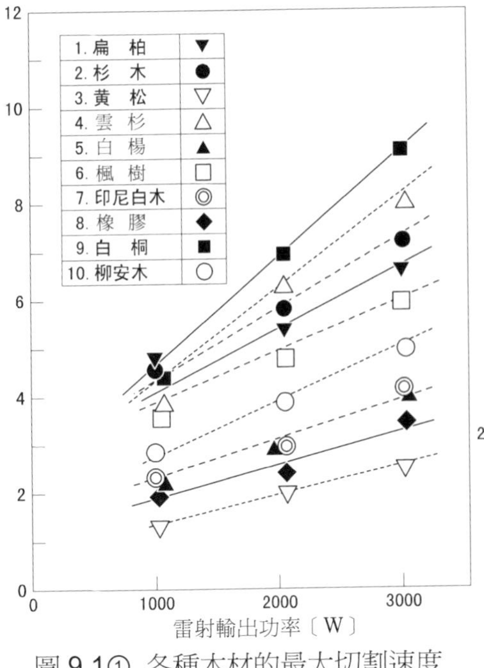

圖 9.1①　各種木材的最大切割速度

圖 9.1②　切割方向

③ 用於切割紙張或膠卷的木製刀模。對 18mm 厚的膠合板加工出的切縫爲 0.4～1.2mm，精度大約可達 1 / 100。日本是最早在此加工領域中開始使用雷射的，現已有相當數量的加工機在運轉。

表 9.1② 各個切割方向的最大切割速度

樹木種類	垂直於木紋時的速度〔m/min〕	平行於木紋時的速度〔m/min〕
1. 扁柏	5	6
2. 杉木	5.5	5.5
3. 黃松	2	3
4. 雲杉	6.5	7
5. 白楊	3	5
6. 楓樹	5	5.5
7. 印尼白木	3	3
8. 橡膠	2.5	2.5
9. 白桐	7	10
10. 柳安木	4	4

※)雷射輸出功率：2kW

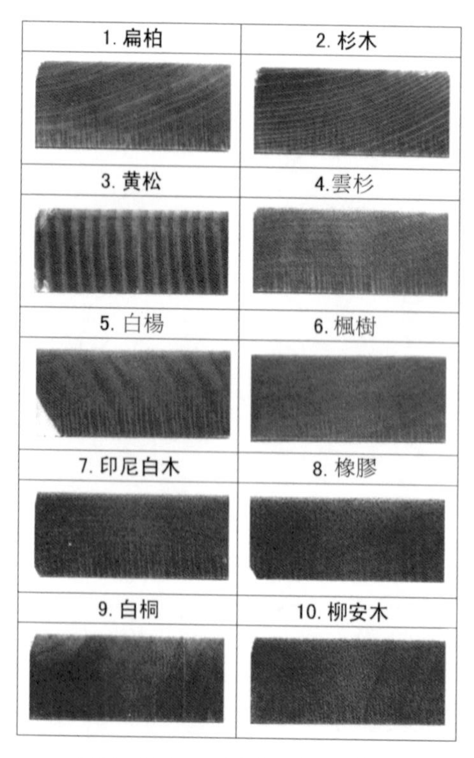

圖 9.1③ 各種木材的切割面

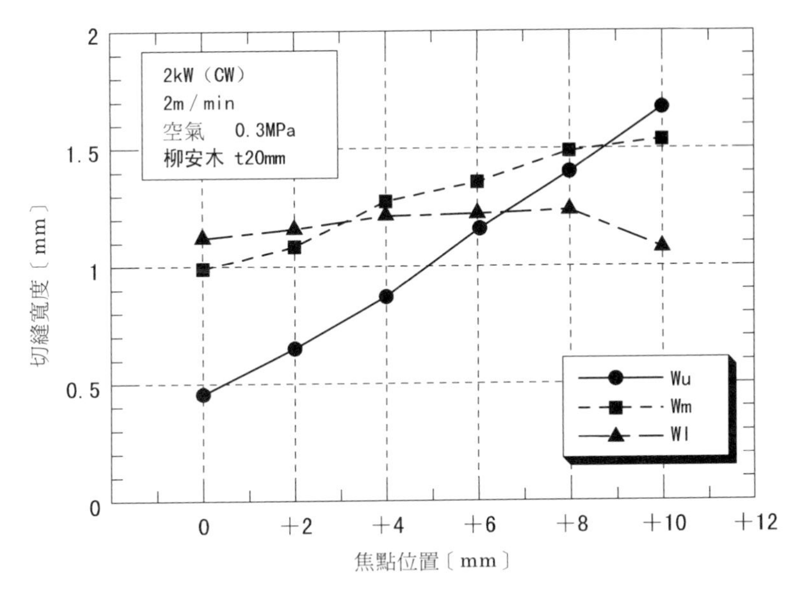

圖 9.1④ 切縫坡度與焦點位置的關係

(1)裝飾品的切割例子

(2)雕刻例子

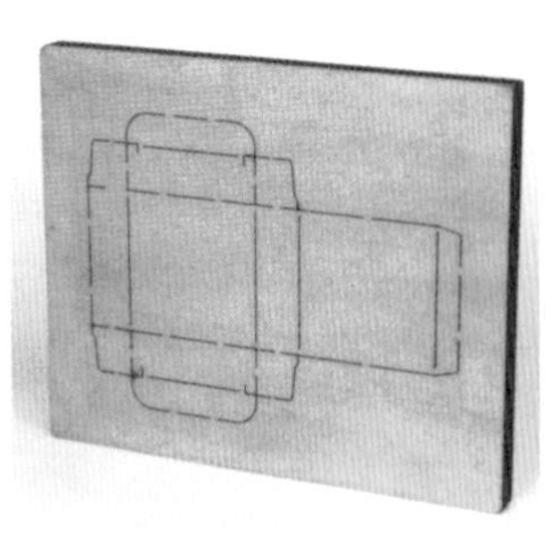

(3)刀模切板的切割例子

圖 9.1⑤ 木材的雷射加工示例

9.2 玻璃切割的可能性

【現象】

來自用雷射切割玻璃用戶的提問也比較多。鋼化玻璃因爲會在加工中發生龜裂，所以是屬於不能用雷射切割的材料。石英玻璃是能夠進行良好切割的玻璃，也是一直以來 CO_2 雷射最擅長的加工物件，擁有很多加工業績。

【原因】

鋼化玻璃在切割中發生龜裂的原因主要是因爲鋼化玻璃的線膨脹率比較大。在雷射的照射下，加工部的溫度將在一瞬間上升到熔融溫度，玻璃也會隨之膨脹，而在雷射經過之後又會急速冷縮。被雷射熔融的區域與散熱區域相比非常狹窄，冷卻一開始熱量就會迅速向母材中傳導，溫度會急速下降。急速的加熱與急速的冷卻使膨脹和收縮幅度都很大，很容易發生龜裂。

作爲線膨脹係數較小的石英玻璃，當板厚是 8mm 以下的薄板時，可以進行無龜裂切割，但當板厚在 12mm 以上時，有時也會根據加工條件的設定而發生龜裂。厚板石英玻璃產生龜裂的時機主要集中在切割後的冷卻時間內。

表 9.2①顯示的是各種玻璃的線膨脹係數及其主要用途。

【解決方法】

對於雷射切割應用較多的石英玻璃在厚板切割中容易發生的切割面處的龜裂問題，以下將介紹幾種解決方法：

(1) 優化切割條件

要防止石英玻璃的龜裂，關鍵就是要儘量減少向加工部的熱輸入。如圖 9.2①所示，切縫很窄的話，已加工部位就會在切縫內發生接觸，加工部的熱量會因此而增多，膨脹幅度也會隨之而變大，很容易發生龜裂。解決方法就是抬高焦點位置以儘量擴大切縫寬度，提高切割中輔助氣體的冷卻性能，從而達到防止已加工部位切割面的接觸。

圖 9.2① 石英玻璃的防碰撞

種類	線膨脹係數 (10⁻⁷/℃)	用途
鋼化玻璃	90～100	門窗玻璃
硼硅酸玻璃	40～50	哺乳瓶用玻璃
石英玻璃	4～6	半導體製造的容器

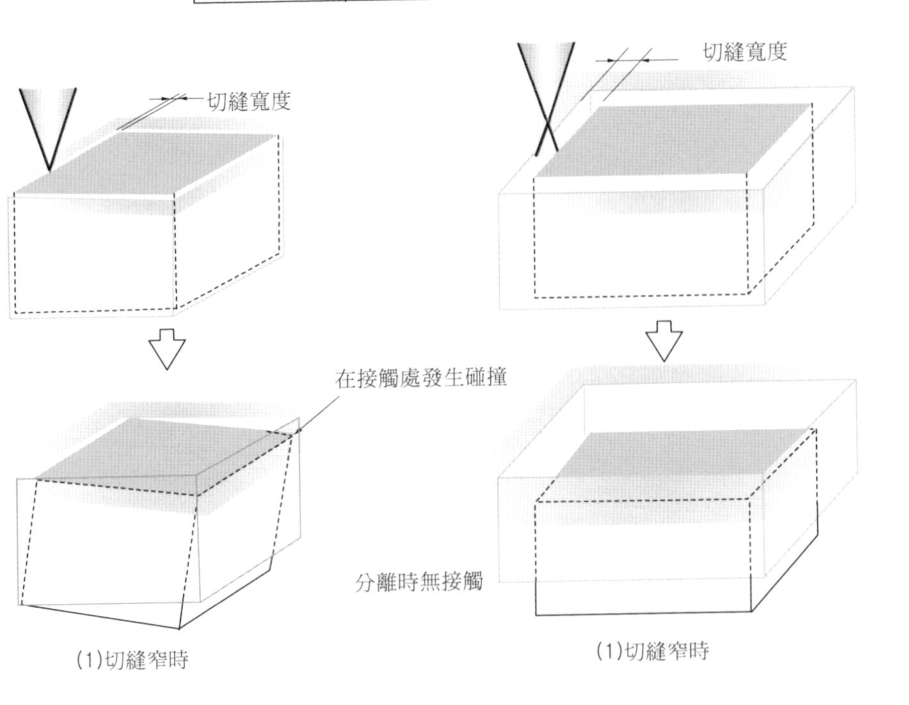

表 9.2① 各種玻璃的特性與用途

(2) 通過緩慢冷卻來抑制變形

把用雷射切割過的工件放在爐內進行緩慢冷卻的方法也很有效。緩慢冷卻可減小膨脹和收縮的急劇變化幅度，可起到防止在切割面處發生龜裂的作用。

參考文獻

1）金岡：機械加工現場診斷系列７　雷射加工　日刊工業新聞社（1999）

2）金岡：光束聚光特性對雷射切斷精度的影響　日本機械學會論文集（C 篇）56 卷 531 號(1990-11)　278-284

3）Kanaoka, Automatic Condition Setting of Materials Processing ICALEO (1996) Section C 1-9

4）金岡：厚鋼板的雷射切斷特性和加工技術　三菱電機技報　p30 Vol.67　No.8　(1993)

5）Kanaoka, Report on Current CO_2 Laser Application in Japan. SPIE Vol.952 (1988) 600-608

6）金岡、古藤：關於 CO_2 雷射的切斷品質和輔助氣體的研究 日本機械學會論文集（C 篇）59 卷 562 號（1993-6）350-356

7）金岡：雷射切斷的現狀　工具工程　p 36　大河出版　Vol.41　No.7 (2000)

8）村井、金岡：(社)日本焊接學會　第２４屆高能量光束加工委員會 (1997)

9）金岡：關於碳鋼厚板的雷射切斷面品質的研究　日本機械學會論文集（C 篇）57 卷 539 號(1991-7)　275-280

10）秋山：纖密的氧化鐵成型體的熱傳導率　鐵和鋼　第 2 號(1991)231-235

國家圖書館出版品預行編目資料

雷射加工實務 / 金岡優著. -- 初版. -- 新北市：全華圖書, 2014.05
面； 公分
ISBN 978-957-21-9419-5(平裝)
1. 雷射 2. 金屬工作法
472.175 103008270

雷射加工實務

作者 / 金岡 優
執行編輯 / 林宇傑
發行人 / 陳本源
出版者 / 全華圖書股份有限公司
郵政帳號 / 0100836-1 號
印刷者 / 宏懋打字印刷股份有限公司
圖書編號 / 10431
初版一刷 / 2014 年 05 月
定價 / 新台幣 320 元
ISBN / 978-957-21-9419-5
全華圖書 / www.chwa.com.tw
全華網路書店 Open Tech / www.opentech.com.tw
若您對書籍內容、排版印刷有任何問題，歡迎來信指導 book@chwa.com.tw

臺北總公司(北區營業處)
地址：23671 新北市土城區忠義路 21 號
電話：(02) 2262-5666
傳真：(02) 6637-3695、6637-3696

中區營業處
地址：40256 臺中市南區樹義一巷 26 號
電話：(04) 2261-8485
傳真：(04) 3600-9806

南區營業處
地址：80769 高雄市三民區應安街 12 號
電話：(07) 381-1377
傳真：(07) 862-5562

廣　告　回　信
板橋郵局登記證
板橋廣字第540號

行銷企劃部　收

23671
新北市土城區忠義路21號
全華圖書股份有限公司

讀者回函卡

填寫日期：　/　/

姓名：＿＿＿＿ 生日：西元＿＿年＿＿月＿＿日 性別：□男 □女

電話：（ ）＿＿＿＿ 傳真：（ ）＿＿＿＿ 手機：＿＿＿＿

e-mail：（必填）＿＿＿＿

註：數字零，請用 Φ 表示，數字 1 與英文 L 請另註明並書寫端正，謝謝。

通訊處：□□□□□

學歷：□博士 □碩士 □大學 □專科 □高中・職

職業：□工程師 □教師 □學生 □軍・公 □其他

學校／公司：＿＿＿＿ 科系／部門：＿＿＿＿

・需求書類：

□ A. 電子 □ B. 電機 □ C. 計算機工程 □ D. 資訊 □ E. 機械 □ F. 汽車 □ I. 工管 □ J. 土木

□ K. 化工 □ L. 設計 □ M. 商管 □ N. 日文 □ O. 美容 □ P. 休閒 □ Q. 餐飲 □ B. 其他

・本次購買圖書為：＿＿＿＿ 書號：＿＿＿＿

・您對本書的評價：

封面設計：□非常滿意 □滿意 □尚可 □需改善，請說明＿＿＿＿

內容表達：□非常滿意 □滿意 □尚可 □需改善，請說明＿＿＿＿

版面編排：□非常滿意 □滿意 □尚可 □需改善，請說明＿＿＿＿

印刷品質：□非常滿意 □滿意 □尚可 □需改善，請說明＿＿＿＿

書籍定價：□非常滿意 □滿意 □尚可 □需改善，請說明＿＿＿＿

整體評價：請說明＿＿＿＿

・您在何處購買本書？

□書局 □網路書店 □書展 □團購 □其他＿＿＿＿

・您購買本書的原因？（可複選）

□個人需要 □幫公司採購 □親友推薦 □老師指定之課本 □其他＿＿＿＿

・您希望全華以何種方式提供出版訊息及特惠活動？

□電子報 □ DM □廣告（媒體名稱＿＿＿＿）

・您是否上過全華網路書店？（www.opentech.com.tw）

□是 □否 您的建議＿＿＿＿

・您希望全華出版那方面書籍？＿＿＿＿

・您希望全華加強那些服務？＿＿＿＿

～感謝您提供寶貴意見，全華將秉持服務的熱忱，出版更多好書，以饗讀者。

全華網路書店 http://www.opentech.com.tw　　客服信箱 service@chwa.com.tw

2011.03 修訂

親愛的讀者：

感謝您對全華圖書的支持與愛護，雖然我們很慎重的處理每一本書，但恐仍有疏漏之處，若您發現本書有任何錯誤，請填寫於勘誤表內寄回，我們將於再版時修正，您的批評與指教是我們進步的原動力，謝謝！

全華圖書　敬上

勘誤表

書號		書名		作者	
頁數	行數	錯誤或不當之詞句		建議修改之詞句	

我有話要說：（其它之批評與建議，如封面、編排、內容、印刷品質等・・・）